国家出版基金项目
NATIONAL PUBLICATION FOUNDATION

本书由上海文化发展基金会图书出版专项基金资助出版

"科学的力量"科普译丛
Power of Science
第二辑

"科学的故事"系列
The Story of Science series

SPACE-TIME

时空
之维

REPLACES SPACE

[美] 乔伊·哈基姆 —— 著

赵奇玮 —— 译

U0397649

AND

爱因斯坦与他的宇宙

Einstein's Vision

05

TIME

上海教育出版社
SHANGHAI EDUCATIONAL PUBLISHING HOUSE

列温斯顿的激光干涉引力波观测仪。整个设施规模宏大，横亘在整个路易斯安那州的整片森林中。

丛书编委会

主　任　沈文庆　卞毓麟

副主任　缪宏才　贾立群　王耀东

编　委（以姓氏笔画为序）

石云里　仲新元　刘　懿　汤清修　李希凡

李　晟　李　祥　沈明玥　赵奇玮　姚欢远

黄　伟　曹长青　曹　磊　屠又新

令人神往的科学故事

科学从来没有像今天这般深刻地改变着我们。真的，我们一天都离不开科学。科学显得艰涩与深奥，简单的 $E = mc^2$ 竟然将能量与质量联系在一块。然而，科学又有那么多诱人的趣味，居然吸引了那么多的科学家陶醉其中，忘乎所以。

有鉴于此，上海教育出版社从 Smithsonian 出版社引进了这套 *The Story of Science*（科学的故事）丛书。

丛书由美国国家科学教师协会大力推荐，成为美国中小学生爱不释手的科学史读本。我们不妨来读一下这几段有趣的评述："如果达芬奇也在学校学习科学，他肯定会对这套丛书着迷。""故事大师哈基姆将创世神话、科学、历史、地理和艺术巧妙地融合在一起，并以孩子们喜欢的方式讲出来了。""在她的笔下，你将经历一场惊险而刺激的科学冒险。"……

原版图书共三册，为方便国内读者阅读，出版社将中文版图书拆分为五册。在第一册《科学之源——自然哲学家的启示》中，作者带领我们回到古希腊，与毕达哥拉斯、亚里士多德、阿基米德等先哲们对话，领会他们对世界的看法，感受科学历程的迂回曲折、缓慢前行。第二册《科学革命——牛顿与他的巨人们》，介绍了以伽利略、牛顿为代表的物理学家，是如何揭开近代科学革命的序幕，刷新了人们的宇宙观。在第三册《经典科学——电、磁、热的美妙乐章》中，拉瓦锡拉开了化学的序幕，道尔顿、阿伏伽德罗、门捷列夫等引领我们一探原子世界的究竟，法拉第、麦克斯韦等打通了电与磁之间的屏障，相关的重要学科因此发展了起来。第四册《量子革命——璀璨群星与原子的奥秘》，则呈现了一个奥妙无穷的崭新领域——量子世界。无数的科学巨匠们为此展开了一场你追我赶式的比拼与协作，开创了一个辉煌多彩的量子时代。第五册《时空之维——爱因斯坦与他的宇宙》中，作者带领我们站在相对论的高度，来认识和探索浩瀚宇宙及其未来……

　　对科学有兴趣的读者也许会发现，丛书有着"哈利·波特"般的神奇魔法，让人忍不住要一口气读完才觉得畅快。长话短说，还是快点打开吧！

中国科学院院士

2017.11

题献

爱因斯坦曾亲笔写信给一位教授的女儿［那是 1921 年，当时爱因斯坦正在意大利的博洛尼亚。这位教授是博洛尼亚大学的费代里戈·恩里克斯（Federigo Enriques），他的女儿名叫阿德里安娜·恩里克斯（Adriana Enriques）］。爱因斯坦在信中这样写道：

> 学习，或者更一般地说，对真理和美的追求能够令我们一生如孩童般生活。

令我们如孩童一般？爱因斯坦将之视为一种特权，他深刻认识到，孩童身上强烈的好奇心正是创造力的关键所在。在任何领域，那些不懈追求真理并能获得成功的人，几乎都能保持年轻时旺盛的求知欲和丰富的想象力。

爱因斯坦一生都对此深信不疑。1947 年，在普通人眼中已近迟暮的他，曾写信给他的朋友奥托·尤利乌斯贝格尔（Otto Juliusburger），这位朋友当时已经 80 岁：

> 像你我这样的人，尽管如常人一般无法逃脱死亡，但我们永远不会变老。我的意思是说，面对我们出生的神秘世界，我们将始终表现得像满怀好奇的孩童一般。这将我们与充满不如意的人类世界分隔开来——这可不是一件小事。

本书正是写给所有年轻的思考者——无论你实际年龄多大。我真诚地希望这本书能够解答一些疑问，同时引发新的问题。这本书是为你——我亲爱的读者而写，也是为我的儿孙、萨拜因·拉斯（Sabine Russ）的儿女、拜伦·霍林斯黑德（Byron Hollinshead）的孙辈们，以及泰勒家冉冉升起的新星们所写，他们是：

梅雷迪特·克里斯蒂娜·泰勒（Meredith Christine Taylor）

辛西娅·格蕾丝·泰勒（Cynthia Grace Taylor）

布拉德利·詹姆斯·泰勒（Bradley James Taylor）

阿比盖尔·克莱尔·弗兰克·泰勒（Abigail Claire Frank Taylor）

萨曼莎·玛丽·泰勒（Samantha Marie Taylor）

塞缪尔·本内特·弗兰克·泰勒（Samuel Bennett Frank Taylor）

凯瑟琳·罗丝·泰勒（Katherine Rose Taylor）

毛·茅·安德鲁·丹·海藤（Mao Mao Andrew den Heeten）

维多利亚·琳内·泰勒（Victoria Lynne Taylor）。

目　　录

2

夸克、红巨星与写作缘起

你是夸克的仓库，我也是，此刻我倚靠的桌子也不例外。夸克是什么？哈哈！读完本书你才会找到答案。事实上，我撰写本书的目的正是为了找到这一问题的答案。用写书的方式来学习，也不失为一个好方法。我很久以前就听说过一些科学术语，如相对论和量子理论，但完全不知道该如何理解。为此我阅读了关于中微子、大爆炸理论和红巨星的内容——完完全全地沉浸于其中。于是我写下本书，希望能帮助自己，也帮助像我一样对周围世界充满好奇的人。

这个世界很奇妙，并且似乎正在变得更加奇妙。现代科学告诉我们一些谁都不能理解的事物，例如暗能量。说到现代宇宙科学，真希望伽利略他老人家依然健在，能够了解我们今日所知的一切。如今，宇宙学已积累了大量的可靠数据，它们表明宇宙具有演进的过程，这不再仅仅是个假说。例如，我们现在已经知道宇宙不仅在膨胀，而且正在加速膨胀。

人们曾认为科学是理性和严肃的，如果你希望富于想象，你就需要求助于科幻类作品。当论及想象力，我曾经以为科学无法与星球大战和好莱坞的特效相媲美。

实际上，与现代科学相比，电影真的没什么了不起。今天的科学远比任何科幻小说更令人瞠目结舌。（不过本书的编辑不同意，她认为优秀的科幻作品能够利用前沿科学的精华，并以一种与科学互动的形式加以展现。也许吧，但我还是更敬畏货真价实的东西。）

现在已经知道（多亏了爱因斯坦），你的手表滴答两声所用的时间可能与我的不同，这取决于我们相对运动的速度有多大。而说到夸克，遗憾的是，即使用最精密的显微镜也无法观察到单个夸克。夸克实在太小，与之相比，原子仿若巨山。

在宏大的宇宙尺度上，这是我们见过的最大的冲击波——星系团中央的绿色条带。这个冲击波由氢组成，比我们的银河系还要巨大。这是什么引起的呢？是右边紧靠它的粉色亮点。这是一个正以高速冲向临近星系的星系。想要了解这次碰撞的详情，可以自己研究一下 Stephan's Quartet 星系团。

让我们继续说说宏大尺度的事物，宇宙是如此广袤，一束光需要 137 亿年才能从宇宙边际到达你屋顶上的望远镜中。（如何断定是 137 亿年？地球的年龄有多大？光速是多少？你都能在本书中找到答案。）

19 世纪的数学家刘易斯·卡罗尔（Lewis Carroll），曾写过两部小说《爱丽丝梦游仙境》和《爱丽丝镜中奇遇记》，在故事中，白王后曾对爱丽丝说："只能记住已经发生过的事情可没什么好处。"卡罗尔可能已经隐约意识到，时间不是只能沿一个方向流逝的，这一点今天已为人所知。

如今，万有引力也不是牛顿被传说中的苹果击中时所理解的样子。爱因斯坦对我们说，万有引力根本就不是一种力。

爱因斯坦年轻时并不知道，包含数以亿计恒星的银河系，只是

1 000 亿个星系中的一个。

　　然而爱因斯坦的理论预言,在那些星系的中心存在着黑洞。什么是黑洞? 一旦坠入黑洞,你可能看到过去,也可能看到未来。

　　不过黑洞已经不算新鲜事物了,作为 21 世纪的人类,虫洞更具吸引力。什么是虫洞? 未来的航天员可以借助虫洞从我们的宇宙穿越到其他宇宙中去。什么是其他宇宙? 请继续阅读,你将会惊叹于即将学到的内容。

　　我们是如何取得今日的成果的呢? 爱因斯坦最高产的几年后,一次他在柏林接受采访时,说了一句非常著名的话:"想象力比知识更重要。"然而从本书中你会了解到,坚实的德国教育也滋养了爱因斯坦惊人的想象力。从一些信息出发,提出适当的问题,辅以充满想象力的思维跳跃,就有可能创新。充足的背景知识使得爱因斯坦能够踏上这条创新之路,他性格中的勇敢大胆,甚至有一点傲慢使他成为一个自由思想者。他时常对权威嗤之以鼻,并且在很长一段时间内脱离主流学术界,这些都促使他深刻地意识到,自由对于各个领域的探索,尤其是科学研究具有极其重要的意义。而且,爱因斯坦兴趣广泛,热爱音乐,精通哲学,也积极投身和平与政治事务。

　　当然,爱因斯坦领先于他所在的时代。20 世纪是走向学科专业化的时代。然而身处今日之信息化世界,宽泛的思维尤为必要。对科学的无知意味着与快节奏生活背后的基本理念脱节,也意味着错失了人类历史上最激动人心的创造。

　　在迄今最伟大的科学时代,缺乏科学素养是无法容忍的。撰写本书一个目的,也是为了提出这一议题。我希望任何有志于参与现代科学探索的人都能阅读本书。此外,它也将成为一种新的课堂工具(当然我们还需要更多),激发学生进行思考性阅读,帮助教师开展苏格拉底式教学。科学的故事系列关注的是人类探索宇宙运行规律的过程。本书并不是要教授特定的学科知识,比如能量和物质,而是希望通过讲述这些知识形成过程中的故事,建立知识之间的联系,赋予其更深层的含义。

　　说到本书的创作,拜伦·霍林斯黑德和他杰出的团队再次承担了出版本书的全部工作,包括配图、核实、编辑、校对及统整全书。他们出色地完成了这项庞杂的工作,相信你很难看到比这本书更精美的图书了。

　　萨拜因·拉斯是一位出色的图片研究员,并善于为各种事物寻找合适的位置。洛兰·霍平·伊根(Lorraine Hopping Egan)作为一位有经验且感觉敏锐的编辑(她自己已经撰写了好几本科学读物),是团队中的关键人物。设计师玛伦·阿德勒布卢姆(Marleen Adlerblum)负责设计这些精美的页面。文稿编辑莫妮克·韦夏（Monique Vescia）为本书注入魔力（她在美国也为哈利·波特系列担任同样的工作）。

美国安博瑞德航空航天学校（Embry-Riddle Aeronautical University）的物理学教授罗伯特·弗莱克（Robert Fleck）也在撰写科学史，他阅读了全部手稿并提出了宝贵意见。麻省理工学院（MIT）物理学家艾伦·古思（Alan Guth）、乔希·温（Josh Winn）和塞思·劳埃德（Seth Lloyd）都阅读过本书，并慷慨地回答了他们各自专业的问题。埃德蒙·贝切格尔（Edmund Bertschinger）解答了一个重要的疑问。《力，运动和能量》的作者之一鲍勃·斯泰尔（Bob Stair）纠正了一些错误。杰夫·哈基姆（Jeff Hakim），美利坚大学（American University）数学系主任耐心地回答了他母亲的疑问。

我从近年来撰写了许多优秀科普读物的作者那里获益良多，我如饥似渴地阅读了他们的作品。列举其中的一些名字：史蒂芬·霍金（Stephen Hawking）、蒂莫西·费里斯（Timothy Ferris）、布赖恩·格林（Brian Greene）、汉斯·克里斯蒂安·冯·贝耶尔（Hans Christian Von Baeyer）、佩特罗·费雷拉（Pedro Ferreira）、理查德·沃尔夫森（Richard Wolfson）、李·斯莫林（Lee Smolin）、加来道雄（Michio Kaku）、保罗·戴维斯（Paul Davies）、约翰·格里宾（John Gribbin）、保罗·休伊特（Paul Hewitt）、丹尼斯·奥弗比（Dennis Overbye）、艾伦·莱特曼（Alan Lightman）、玛西亚·巴图夏克（Marcia Bartusiak）。这些还只是一个开始，浏览图书馆或是书店的科学类书架，你有可能发现更多宝藏。

科学教师约翰·胡比茨（John Hubisz）和朱丽安娜·泰克斯勒（Juliana Texley）也给予我很大鼓励。他们都阅读了本书较早的版本，并提出宝贵意见。特西丽为一些辅助教学资料提供了批判性的见解并作出有益的补充，这些材料由约翰·霍普金斯大学（John Hopkins University）的道格·麦基弗（Doug Mclver）、玛丽亚·加里奥特（Maria Garriott）和科拉·泰特（Cora Teter）为科学的故事系列前几册开发。教师兼作家的丹尼斯·德嫩伯格（Dennis Denenberg）教了我许多如何让教学变得有趣的方法。2002年得克萨斯州年度教师（2002 Texas Teacher of the Year）获得者芭芭拉·多尔夫（Barbara Dorff），正是我所认识的善于激励学生的教师和管理者之一，是他们鼓励我要为其学生把工作做到极致。（我还认识许多这样了不起的教师，他们是国家的财富，应当被如此褒奖。）严谨的斯蒂芬妮·哈维（Stephanie Harvey）是一位阅读专家，分享了她关于非小说类作品阅读的见解，在信息时代，这类阅读显得格外必要。理查德·霍尔斯（Richard Halls）将书发放给了在 La Academia 就读的学生们，这是丹佛一所规模不大但教育质量很好的市中心学校。休·吕贝克（Sue Lubeck）是丹佛一家书店 Bookies 的所有者，主要的客户群是儿童和教师，吕贝克的活力与智慧令我折服。史密森尼学会（Smithsonian）的卡罗琳·格利森（Carolyn Gleason）和塞韦林·怀特（Severin White）提供了重要帮助。史密森尼出版社（Smithsonian Books）的 T.J. 凯莱赫（T.J. Kelleher）阅读了终校版并提出了有益的建议。史密森尼天文馆（Smithsonian Astrophysical Observatory）的罗伯特·诺伊斯（Robert Noyes）为第五册第 21 章"外面有人吗？"的编写提供了帮助；该天文馆的退休人员查尔斯·惠特尼（Charles Whitney）阅读了终校版后，从著名科学家的视角为我们提出了宝贵意见。全美科学教师协会（NSTA）的格里·惠勒（Gerry Wheeler）和戴维·比科姆（David Beacom）给予了我很多鼓励。拜伦·霍林斯黑德除了出版本书外，还共同承担了大量与儿童和学校有关的工作，并一起探索新的教学和学习方法。

如果本书作为一本面向普通读者和在校学生的科学读物具有异乎寻常的价值，那必须特别感谢埃德温·泰勒（Edwin Taylor）。他一听说我要为各个年龄段的初学者写一本关于当代科学的书时，立刻通过邮件提出了许多建议。现在埃德温·泰勒已成为 MIT 的一位物理学家，并且写出了一批出色的书，其中与普林斯顿的物理学家约翰·阿奇博尔德·惠勒（John Archibald Wheeler）合著的两本尤为值得称道，分别是《时空物理》（*Spacetime Physics*）和《探索黑洞》（*Exploring Black Holes*）。这两本书都是写给大学物理专业学生的（阅读时最好有微积分基础），也是我见过的最好的教材（我认为一些权威应该成为教材编写的专家）。想象一下一本教材以一个寓言开始，你就能理解其新意了。（新版的 *Exploring Black Holes* 中埃德蒙·贝切格尔加入了编写。）

所以，当埃德温·泰勒提出物理方面的建议时，我都欣然接受。（如果你想为年轻的读者写作，他是能帮助你的理想人选。）后来，埃德温完全投入进来，反复阅读每一章节并作出评论，每当我陷入迷茫时适时将我拉回正途。

除此之外，他还付出了更多。我得到了这个国家最伟大的物理教师之一的私人辅导。这是一场我从未经历过的智力探险（尽管有时我为此绞尽脑汁）。在本书中我将尽力与你分享其中的一些经历。书中若有一些错误与含糊之处都是我的责任，而其中包含的敏锐洞见绝大多数都要归功于埃德温·泰勒的指导。

——乔伊·哈基姆

相对性原理：
从伽利略到爱因斯坦

> 一个人要在政治和方程之间分配好时间。对我们而言，方程比政治要重要得多，因为政治是暂时的，而方程是永恒的。
>
> ——阿尔伯特·爱因斯坦（Albert Einstein），与数学家恩斯特·施特劳斯（Ernst Straus, 1922—1983）的谈话

> 相信牛顿（Newton）的物理学家，因为相信时间和空间的绝对性，所以不得不认为光速是相对的，它取决于观察者自身的运动。爱因斯坦则假定光速是绝对的，就不得不承认时间和空间的相对性，它们才取决于观察者的运动状态。
>
> ——基普·索恩（Kip S. Thorne），美国物理学家，《黑洞和时间弯曲：爱因斯坦异想天开的遗产》

> 时间旅行的可能性是爱因斯坦早期的发现之一，也是狭义相对论的一个主要结论，也是他认为物理学家应该摒弃绝对时间（即时间在每个地方以相同的速率流淌）的概念的重要证据之一。
>
> ——奈杰尔·考尔德（Nigel Calder），英国科普作家，《爱因斯坦的宇宙》

最早提出相对性原理的不是爱因斯坦，而是伽利略·伽利莱（Galileo Galilei）。伽利略对运动十分着迷，而理解运动学，是理解相对性原理的关键。

关于伽利略的想象实验的更多内容，可以参阅本系列丛书第二本《科学革命——牛顿与他的巨人们》第7章。

伽利略描述过一个著名的想象实验。在一个平稳匀速行驶的帆船的甲板下，有一个没有舷窗的船舱。在那里，你可以走动、跳跃、玩飞镖游戏……所有的一切都将与地面上无异。金鱼在鱼缸内完全自由地游动，你打乒乓球时也不必专门调整扣杀的姿势——所有在地面上的物理学定律在这个匀速行驶的船舱里也不折不扣地成立。

利用这个想象实验，伽利略解释了为什么我们感觉不到地球的自转和公转。同样道理，在一个匀速行驶的车厢里你永远

在地球上跳跃

如果地球是在转动，为什么当你高高跳起时，没有落在与起跳点不同的地方呢？其实，这也是古代先哲认定地球不在转动的理由之一。

伽利略想出了这个问题的答案。他说地球在转动，而我们就是地球上的乘客。想象一下，你是匀速前进的火车或者飞机上的乘客吧。你上下跳跃，都会回到同一个地点。这是因为你一直在跟着交通工具做匀速运动。地球就如同是一个交通工具。因此站在地面上时，你不会意识到自己在跟着地球运动。但是，如果有人在地球外的飞船上观察，他就会看到你在随地球一起运动。地球在自转，它也在绕着太阳公转，而且同时整个太阳系也在绕着银河系的中心转动呢。

这些运动你能感觉到其中的任何一个吗？答案当然是不能。因为匀速运动只有相对其他参照物才能观察到，而不能直接感知到。运动速度的大小是相对的，即一个物体相对于另一个物体。观察者是关键，而他自身也有速度，正是它使得运动具有相对性。我们所有这些思想都源自伽利略，他在 1600 年时正是一位年轻的科学家。但是 300 多年后，爱因斯坦又把这一观点强调了一遍。那么，爱因斯坦的想法又有什么不同呢？

相对运动速率在爱因斯坦时代要比伽利略时代快许多，因为那时可以乘坐火车而不是仅靠步行、骑马或划船了。当今，我们所处的火箭时代就更快了。爱因斯坦知道伽利略不了解的东西，即（在真空中）光速对所有（惯性系的）观测者来说都是相同的。

这些"星迹"看上去像是夜空中的星星在移动，这是地球自转的缘故。这张照片是连续拍摄 7 个小时的效果，北极星就在旋转的中心附近。

匀速直线运动是指，一个物体沿着一条直线以不变的速度运动。地球自转时，我们沿着地球表面做曲线运动，而地球同时又绕着太阳做曲线运动。所以，我们在地球表面上的运动不是匀速直线运动。但是，在做实验的一小段时间里，你运动的方向没有发生明显的变化，所以在这一小段时间里，你的运动仍然可以看作匀速直线运动。

也感觉不到它在运动（除非你看窗外）。（注意：这里匀速运动是关键，如果列车突然摇晃、加速、刹车或者改变方向，你就能感觉到自己在运动了。）

试试看，你能不能想出哪怕一个实验，在这样一个封闭的（你不可以偷看窗外）、匀速行驶的车厢内部，探测到车厢的运动呢？

让我来告诉你吧：**这是不可能的。在这样匀速前进的车厢里，没有一个实验能够告诉你车在运动。**不相信我说的吗？那你就想一个实验出来吧，你就会成为下一个爱因斯坦。再进一步，既然你不能直接探测出这个运动，如果你不考虑与其他物体的相对运动，运动就没有什么意义了。这就是伽利略所理解的相对性原理，也是爱因斯坦建立自己的理论的出发点。

伽利略的相对性原理，帮助牛顿、爱因斯坦以及我们所有人理解了匀速运动，但是我们该如何测量（相对）运动呢？

伽利略和牛顿认为这非常简单，就是先找一样东西把它当作是"静止"的，然后再测量你相对于它的运动（速度）。例如，你想看看自己每小时跑多少千米，只要找一个"静止"的人、房子或标杆，再和它们作比较就可以了。

那么，如何测量地球、天上的星体或者太空中火箭的速度呢？怎样才能找一个可以当作不动的东西呢？在伽利略那个时代，到底是地球还是太阳静止在宇宙的中心，是激烈争论的科学问题。（伽利略还曾因为他的答案而被软禁在家中。）

到了牛顿那个时候，科学家已经基本承认地球在绕着太阳转。而且，牛顿知道太阳本身也在运动，那么有什么东西是绝对静止的呢？

牛顿想出了一个叫作"绝对空间"的概念。这是一个想象出来的绝对静止的参照物，相对于它人们就可以观察所有物体的运动了。牛顿的原话是："**绝对空间就其本质来讲，跟所有的外界运动无关，永远保持不变和静止。**"而对于詹姆斯·克拉克·麦克斯韦（James Clerk Maxwell）来说，他完全赞同牛顿的观点，他说："正如我们所设想的，绝对空间永存于此——而且是不动的。空间各部分的顺序不能变换，就好像时间先后是不可颠倒的一样。想象它们从所在地移动就如同想象一个地方离开了它自己一样。"这也就解释了什么是以太（ether），以太就是绝对空间。

如果对伽利略被软禁的内容感兴趣，可阅读《科学革命——牛顿与他的巨人们》的第8—10章。

记住，在很久以前，人们把"科学家"（scientist）叫作"自然哲学家"（Natural philosopher）。

这一切看来似乎很简单，而且理所当然，直到爱因斯坦独自冥想骑在光束上的问题。他希望把光当作那个"不动"的东西，即他的参照物。

哎呀，他发现自己做不到这一点。因为他所选择的参照物既不能减速，也不能加速（至少在真空中是这样）。光的速度不因观察者的运动情况而改变，对于坐在客厅椅子上的人和绕着月球飞行的宇航员来说，光速没有什么不同。而且，没有别的什么东西可以跑得像光一样快。这一点麦克斯韦早就意识到了。

那么，绝对空间（以太）又如何呢？正是以太这种绝对静止的存在，让牛顿可以把他的定律应用到更广阔的宇宙空间中。但是，爱因斯坦意识到这一概念存在错误，他花了好几年时间思考以太和牛顿的绝对时空观。

直到 1905 年，爱因斯坦终于打破了曾经把大多数科学家引入歧途的思想禁锢。他摈弃了以太（绝对空间），他认为我们的宇宙即使没有以太也没什么大不了。我们观察火车、轮船的运动都是相对于地球的，而不是相对于以太的。爱因斯坦认为，在一个只能观测到相对运动的宇宙中，一切东西（太阳，地球，乃至你的鼻子）都可以作为参照物。

他同时也确信，就像真空中的光速不会随观察者的速度改变一样，所有的物理规律也不会因为观察者的运动而发生改变。换句话说，包括光速不变、伽利略相对性原理在内的一切物理规律，对于坐在公园长椅上的你和远在遥远星系中的外星人来说不会有什么不同。但是，绝对的空间并不是物理

这辆火车上愉快的观光者们（摄于 1910 年）相对于地面在移动。他们中的多数人都相信地面是静止的，而他们自己在动。但实际上，由于地球的自转和公转，地面在太空中看来也是运动的。所以说，一切运动都是相对的，运动取决于观测者所选的参考系。

学定律。这样爱因斯坦就意识到，牛顿和麦克斯韦其实在这一点上犯了一个错误，绝对的、静止的空间并不存在，宇宙中并没有这么一个绝对不动的参照物。

再见，以太

在爱因斯坦 16 岁时（当时还没上大学），他写过一篇名叫"关于以太在磁场中所处状态的研究"的论文，并且寄给了他的叔父凯撒（Caesar）。在论文中，他写道："现在我觉得用一个完备的实验来探究以太在各种磁场中可能发生的变化，是非常重要的工作。"

事实上，早在 1887 年，迈克耳孙（Michelson）和莫雷（Morley）就做了类似的实验。1895 年，年轻的爱因斯坦设想出了一种不同的方法来探测以太。几年后，在大学里他将这一想法付诸实验，结果搞砸了，还弄伤了

太阳系八大行星和那颗较小的冥王星按照真实的大小比例绘制，位于太阳旁边（距离没有按比例）。行星之间并没有以太存在。

手。爱因斯坦确切的想法现在不得而知，但从某个时刻开始，他似乎开始这样问自己：如果没有以太会怎么样呢？也许正是这种想法把他引向了狭义相对论。

现在，我们先来考虑一下几个问题。科学家们是怎样测量地球绕太阳转动的速度的？相对于地球，什么是不动的呢？既然太阳和其他恒星相对于地球都是运动的，那么有没有什么东西可以作为参照物呢？于是，牛顿就提出了"绝对空间"，而麦克斯韦认为，在这个绝对空间中到处都弥漫着一种叫作以太的物质。

但如果没有以太呢？这也就意味着**宇宙中找不到绝对静止的参考系**。在我们的宇宙中没有任何东西是绝对静止的，这意味着，只能从彼此的相对关系来描述运动。任何运动都是相对的，而不是绝对的。

迈克耳孙和莫雷完成了他们的实验后，一开始他们以为实验失败了，而事实上，这个实验确实证明了一些东西。实验的结果表明，以太这个概念其实并无必要。由此，他们实际上证明了爱因斯坦的相对性原理，而这是在爱因斯坦提出相对论之前！

今天，已经没有人谈论宇宙中的以太了。但科学家并不认为宇宙空无一物，他们认为所谓真空只是一个能量最低的状态，而能量最低是一个非常复杂的状态，因为一些虚粒子可以从中瞬间产生或湮没，而它们可能携带着将星系聚集在一起的暗物质和对宇宙演化起重要作用的暗能量。

于是，这个专利局的职员（即爱因斯坦）现在可以就这一问题向所有的思想家说："对不起，你们搞错了，并没有什么绝对空间。**宇宙没有中心。**"

没有中心意味着什么呢？想一想一个球体的表面，在这个表面上哪里是中心呢？球面上任何一点都能看作这个球面的中心吧！（注意你必须待在球面上，而不能离开球面到球的里面去。）宇宙也是一样的道理。

这样，一旦爱因斯坦想到宇宙没有中心时，他也就意识到了宇宙中没有绝对的参照物：一切运动都是相对于其他物体而言的。宇宙中并没有衡量静止的尺子，所有的运动都是相对的。

所以，宇宙中没有绝对的坐标系和绝对的坐标原点。你可以随心所欲地选取一个你喜欢的坐标系，把它当作静止，然后进行观测或计算。只有一样东西你不能选作参照物，那就是光。我们的大多数测量是选地球作为静止的参照物，这样做没什么问题。

爱因斯坦把具有突破性的观念称作"不变量理论"。不变量就是永远不会改变的物理量。

有些科学家开始将爱因斯坦的理论称为狭义相对论，而把伽利略的理论简单地叫作相对论。爱因斯坦并不喜欢这个名字，他想建立的理论是告诉人们在不同的参考系中什么是相同的、不变的（也就是光速和物理规律），但最后他还是对名字妥协了，因为相比思想来说，名字无关紧要。于是就这样，这个专利局的职员撼动了牛顿所创立的经典物理学的一块基石。绝对时间呢？绝对空间呢？它们将不再存在，而且从未存在过。

狭义相对论正确吗？对一个科学家来说，一个"对"的理论，就是能够正确预测所有与它相关的实验结果。通过反复实验，相对论至今还没有被任何一个实验所否定。

对牛顿来说，时间和空间对所有的观测者都是一样的，而运动（包括光的运动）是相对的。对爱因斯坦来说，光的速度才是对所有观测者都一样的东西，而时间和空间则是相对的。

相对论：
一个关于时间的故事

> 简言之，根据牛顿的运动定律，你只要跑得足够快就能够追上光。而根据麦克斯韦的电磁学定律，你做不到……爱因斯坦通过他的狭义相对论解决了这一矛盾，从而彻底改变了我们对时间和空间的理解。
>
> ——布赖恩·格林，美国物理学家，《优美的宇宙》

> 从对物理学的贡献的角度讲，虽说爱因斯坦是当代唯一可与牛顿比肩的物理学家，但是他们俩在个性上恐怕没有什么共同点。每个跟爱因斯坦打过交道的人都强烈感受到他是一个高尚的人。人们总习惯于说他很有人情味儿，或者用老生常谈的话说，他有单纯、可爱的性格。
>
> ——杰里米·伯恩斯坦（Jeremy Bernstein），美国物理学家，《爱因斯坦》

牛顿在他的著作《自然哲学的数学原理》中，写道："绝对的空间……保持着永恒的静止……绝对的、数学上的时间与一切外界无关地流逝……"牛顿认为，每个人所感知的空间和时间是完全一样的。对牛顿来说，每个人感觉到的距离上的"一米"或是时间上的"一小时"完全相同。

在地球这个宇宙一角的孤岛上，时间和空间也许确实看起来是绝对的和一成不变的。那么，谁会就这个问题质疑伟大的牛顿呢？

爱因斯坦。

爱因斯坦猜想：如果牛顿错了，会怎样？一分钟对每一人、每个地方来说，会不会不一定相同呢？一米的长短会不会因人、因地而异呢？如果一个观察者看到两件事是同时发生，在另一处、另一人看来，这两件事也是同时发生的吗？

提出这些问题是需要自信的。爱因斯坦当然有这样的自信。

和爱因斯坦一样，超现实主义画家勒内·马格里特（René Magritte，1898—1967）也在颠覆人们对引力和运动的牛顿观。在他1953年的作品《戈尔康达》中，无数个穿着黑色外套和戴着圆顶硬礼帽的中产阶级男人像雨点一样落下，但是仔细观察，发现他们其实都是静止的，面容冷峻，好像在车站候车。根据爱因斯坦的理论，地球上没有绝对静止的物体，一切运动都是相对的。

除了数学、哲学和科学之外，奥林匹亚科学院还一起阅读塞万提斯（Cervantes）、狄更斯（Dickens）和索福克勒斯（Sophocles）的作品。莫里斯·索洛文曾说："我们戏称的科学院每晚聚会的目的就是，拓展我们的知识、加深我们的理解，增进彼此的感情。"

其实，爱因斯坦并不是第一个质疑牛顿的人。在1903—1904年，爱因斯坦和他的朋友们组成了一个叫作奥林匹亚科学院的团体，他们曾经对法国数学家亨利·庞加莱（Henri Poincaré）1902年出版的一本著作《科学与假设》十分着迷。庞加莱在书中讲道："绝对时间并不存在。"

不存在绝对时间！爱因斯坦的朋友莫里斯·索洛文（Maurice Solovine）回忆说，这个想法让他们几个星期都兴奋不已。如果没有绝对时间，那么其他"绝对"的事也将不复存在。这使爱因斯坦有了一个突破性的想法，这个想法与牛顿理论的一个核心概念有关：运动。

爱因斯坦意识到，在我们运动的宇宙中，说一样东西处在绝对静止状态是没有意义的，就好比在一个运动的行星上，没有东西可以静止，一切运动都是相对于其他物体而言的。你必须选择一个"静止"的物体作为参照物（像地球、自行车或火箭），只有选定了这个参照物后，你才能测量别的东西相对于它的运动，这其中也包括测量时间的流逝。

对于牛顿来说，地球是静止的。他从没有考虑过星际旅行，但是你可以这么考虑。当你在星际间高速运动时，地球上静止的物体也许就不再适合作为参照物了。原因就是我们都在"地球"这艘移动的飞船中运动，所以一切运动就得找其他运动的物体作为参照物。也就是说，你必须挑选出某个"静止"的物体。虽然通常我们习惯于选地球作为参照物，但这并不是必须的。

你说自己更快、更远……你是在与谁相比呢？你必须选择一个参照点，或许可以选择你的宇宙飞船。**相对论就是在所有运动的事物间进行比较**。要搞明白这个需要费一番脑筋，但我们必须这么做，因为宇宙就是这样的：没有东西绝对静止，没有中心。因此每一个物体的运动都是相对其他物体而言的。于是，你必须选一个中心，选一个"静止物体"。

如果我们将视野局限于地球上，或想象自己乘坐在爱因斯坦那个年代最快的火车上，你不会意识到建立一个新的相对性理论的必要性。只有当我们将视野从地球这颗小行星上移开，当我们思索我们在更大宇宙中所处的位置，当我们开始星际旅行时，才会意识到过去的科学——牛顿的科学——其实正在把我们引入歧途。因为牛顿的物理学虽然在地球上，对低速运动的物体行之有效，却无法正确解释宇宙中的一些力，比如引力，也无法正确解释在相对高速运动情况下的时间和空间。

1905 年，爱因斯坦在他具有里程碑意义的论文中提出：在宇宙中并没有一个中心参考点，可从那里开始进行所有的测量。你可以认为你自己就是宇宙的中心，所有时间和空间的测量都是相对于你的位置和你的运动。如果在遥远的星系有外星人的话，他们也可以认为他们在宇宙的中心，而做同样的测量。自然界的一切物理规律对宇宙各处的所有观测者来说，都是相同的。

对物理学家来说，参考系（frame of reference）就是可以用来描述一个事件发生地点的一组直线和平面，以及一只可以记录事件发生时间的时钟。你可以把一个参考系想象为一个有自己时钟的地方（一个房间或是一个火箭的内部）。你可在这样的一个参考系中确定任何一件事：离开地板 1 米、离开东面墙 2 米、离开北面墙 3 米，发生在上午 9：23。

现代对宇宙科学的理解应该源于伽利略。（再前面一个世纪的哥白尼也做了奠基性的工作。）当伽利略用望远镜发现木星的卫星时，他就意识到地球也许并不是宇宙的中心。从那时起到爱因斯坦发现他的理论过去了近 300 年。

如果你坐在地球上的书桌前，你的观测就是相对于地球这个参照物的。如果你坐在正在太空里高速运行的火箭中，你的参照物火箭正相对于地球运动。在这两种情景下，你都可以认为自己是静止的观察者，而其他物体在运动。作为观察者，你可以进行实验，作出推演，得出物理规律。然而你会发现，一切物理规律对于书桌前的你和火箭中的你都完全一样。（如从你书桌前或从加速飞行的火箭中向上扔出一个球，它们完全以相同的方式下落。）

这是个大胆的想法，也是在从哥白尼（Copernicus）否定地心说开始的科学进程中又进了一步。在哥白尼之后，我们认为太阳是中心。现在爱因斯坦说，**没有什么中心**，或者也可以说，中心可随便你怎么选。

爱因斯坦十几岁时，就意识到经典的运动理论一定在什么地方出错了。这些理论和光学的知识之间存在一些矛盾。

这张 1968 年 12 月 25 日首次登月时拍摄的著名照片，展示了从另一个参照系中观察地球那壮丽、惊人的景象。3 名阿波罗 8 号的宇航员从月球轨道上第一次目睹了太空的景象，以及弗兰克·博尔曼（Frank Borman）所说的"初升地球"的壮丽美景。我们的蓝色星球不仅显得美丽，而且是那么渺小和脆弱，它不仅不是任何中心，而且仿佛只不过是广袤、黑暗的宇宙中一小片生命的绿洲而已。

爱因斯坦用了 10 年时间（从 16 岁到 26 岁）来推敲一个问题。这就是他想象自己以光速旅行，然后吃惊地发现时间对每个人来说是不同的（质量也是不同的）。时间不再是一个物理定律，它不是一个常量，也并不像牛顿所说的"与一切外界因素无关地流逝"。它取决于你在哪儿观察，你又以多快的速度在运动。牛顿在这个问题上犯了一个错误。在那个牛顿备受尊崇的时代，这一点难以置信。

在这个问题上，爱因斯坦注意到了麦克斯韦的方程组，这个方程组告诉他，（真空中）光的速度对于在任何地点的所有观测者来说都是相同的。（真空中的）光速"与一切外界事物无关"。所以，**（真空中的）光速是一个不变量。**

沿着爱因斯坦的思路想下去，对之后的结果，你也许会摇头说："这不可能！"

比如，我们一般认为，如果两个人有两块绝对精确、同步的手表，这两个人沿着两个不同的方向离开，那么几年后如果他们还能相遇的话，他们的手表应该指示相同的时间。然而爱因斯坦却意识到：如果一个人相对于另一个人以极快的速度离开，再返回，情况就并非如此了。

爱因斯坦说，他曾经在 16 岁时就对一个悖论十分着迷："如果我以光速追逐着一束光前进的话，我应该看到在空间上振荡着的静止电磁场。而实际上，这种在空间上振荡着的静止电磁场并不存在。"

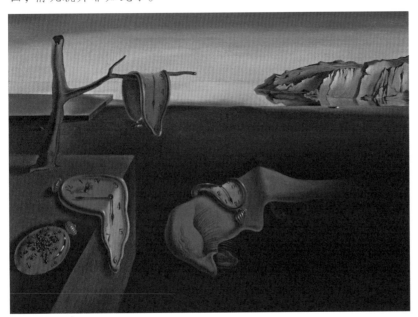

你可以在纽约现代艺术博物馆中看到这幅 1931 年的超现实主义画作《挥之不去的回忆》。在这幅画里，艺术家萨尔瓦多·达利（Salvador Dalí）想对时间说些什么呢？

爱因斯坦的谢意

1931年1月15日，爱因斯坦在加利福尼亚州的帕萨迪纳向一些物理学家发表一次演说。听众中就有迈克耳孙（他在4个月后逝世）。爱因斯坦的部分演说辞如下：

尊敬的迈克耳孙博士，当你开始这项工作时，我还是个3英尺高的小孩。正是你将物理学家们引向了新的路途，你那了不起的实验为相对论的发展奠定了基础。你的实验指出光的以太理论存在重大缺陷，这使亨德里克·洛伦兹（Hendrik Lorentz）和斐兹杰惹（FitzGerald）产生了新的想法，而正是从他们的想法中，狭义相对论得以发芽生长。没有你的实验，这一理论在今天也许只不过是一个有趣的假设，正是你的验证性工作才使相对论有了第一个事实基础。

如果你以接近光速的速度移动（按照你在地球上的朋友们所观察到的），你的时间和你周围的物体在你看来也许与地球上没有什么不同。但对于那些在地球上做低速运动的朋友们来说，你的时间变慢了——这并非只是看似变慢，你的表确确实实比他们的表走得慢了！时间不再是一个常量或者一个不变量，它也是会因不同的参考系而不同的。

不错，这看起来太奇怪了。你经历的是一回事，而在另一个参考系里看着你的人见到的却是另一回事，但这确实是事实。对于处在地球束缚下的人们来说，这确实难以接受。我们一般不会这么想，是因为我们通常不会运动得如此之快，因此，我们那些待在家里的朋友们观察不到时间的差异性，以及这种效应对我们手表的影响。

爱因斯坦没有让"常识"限制他的思维，而是将他的思想发挥到了极致。他意识到了牛顿的运动定律和麦克斯韦的电磁学理论都只是问题的一部分，一旦将它们放到一起就能看出其中的问题。在寻找这些问题的答案过程中，爱因斯坦提出了所谓的狭义相对论。

狭义相对论基于爱因斯坦的如下假设，即（真空中的）光速在任何一个参考系中被测量都将得到同一数值，从而其他的量应相对于光发生变化。绝对空间（以太）的观念是错的。同样，绝对时间的想法也是错的。爱因斯坦的新观念具有颠覆性。

我行我素的光

想象一下，一个棒球投手以 145 千米／时的速度投出球，你可以轻易记录球的速度。如果这名投手是站在一列时速 95 千米／时的火车上投球（投球的方向沿火车前进的方向），情况又会如何呢？很容易想到，如果不计空气阻力，球的速度将高达 145 ＋ 95 ＝ 240 千米／时。这个值就是你站在地面上观察到的球的速度大小。

但是，这样的加法对光来说就不对了。光的速度不可能与任何其他事物速度相加，对所有的观测者来说，光的速度永远是同一个数值，换句话说，光速是一个不变量。对物理学家来说，"不变量"意味着这个物理量对任何相对于你做匀速运动的观察者来说都相同。

如果你从你的窗口观察一架飞过的飞机，而且设法测出从它的机头向前发出的闪光的光速，那么你将得到标准的光速：30 万千米／秒，而不是这个数值加上飞机的速度。如果要测出从它机尾向后发出的闪光的光速，你仍旧会得到同样的结果，而不是标准光速减去飞机的速度。不仅对你

爱因斯坦是在思考光吗？你看他连那个投出的棒球也抓不住。

爱因斯坦虽然聪明绝顶，但却不知道怎么对付那些从三垒击出的棒球。

来说是这样，对于飞机上的飞行员，或者其他任何观察者来说都是这样，所有人都会得到相同的光速，不管闪光从机头向前发出还是从机尾向后发出。

光，并不遵循我们生活中常见的低速物体的运动规律，这一点爱因斯坦没有试图去解释为什么，而只是说，就是如此。只要在真空中，不论哪个观察者测得的光速都一样。当爱因斯坦理解这一事实后，他进一步意识到，其他事物对不同观察者而言就必须是变化的，否则宇宙就会静止、不动、没有变化。显然，这不可能。那么究竟是什么会改变呢？

考虑到速度等于距离与时间的比值这一众所周知的事实，爱因斯坦有了一个突破性的大胆想法。如果光速是不变的，那么距离和时间就必然改变，它们必然是可变的，否则没有什么东西会发生变化了。爱因斯坦意识到，本以为时间和距离是绝对的，其实不然，真正绝对的是光速。

在过去，每个人都认为长度和时间是绝对的，一个小时就是一个小时，一米就是一米。谁会觉得在宇宙的不同地方，一个小时或者一米有不同的长短呢？但我们错了，连伟大的牛顿也错了。这是因为我们的直觉欺骗了我们，对于地球上低速运动的物体而言，长度和时间的变化太小了，以至于我们根本无法意识到这种变化。要不是我们开始思考粒子加速器中高速飞行的粒子，以及整个宇宙和星际旅行的话，我们可能永远都不会意识到这种变化。只有我们把目光投向地球之外时，这个问题才显现出来。

声速：对光的启示

在空气（室温）中，声音以 343 米 / 秒的速度传播。在真空中，包括可见光在内的所有电磁波以 30 万千米 / 秒的速度传播。**声音的传播需要介质**，也就是说它不能在真空中传播，而光可以。

声音的速度随着介质的不同而改变，在金属丝或者木头里，它的速度就与在空气中不同了。（这时金属丝或者木头就成了介质。）

光也可以在一些介质中传播，而且它的速度也会变化。比如，在水中光的速度就要比真空中慢一些。科学家们也可以在实验室中通过改变光传播的介质使光慢下来。但是，没有人可以使光比在真空中传播得更快。事实上，麦克斯韦从理论上发现，这永远无法做到。

爱因斯坦改变了我们的世界观，他可让祖师爷牛顿出局啦——尽管牛顿在低速的物理世界中还是一个不错的选手。自从有人类文明的记载以来，关于时间概念的理解值得我们重新思考。我的一小时和你的一小时也许会不尽相同，这取决于我和你之间的相对运动。

这一被 19 世纪科学家所忽视的问题，帮助我们创建了我们所谓的现代世界。让我们再重复一遍这一核心的思想：真空中的光速对于所有做相对运动的观测者都是相同的。

这是一个需透彻理解的概念，但爱因斯坦并未止步于此。当意识到距离和时间是会随着观测者而发生变化时，另一个突破性的想法跃入了他的脑海：**时间和空间彼此是不能分割的**。

> *比光跑得还快是不可能的。当然，也没人想跑赢光，因为那会把帽子都吹掉的。*
>
> ——伍迪·艾伦（Woody Allen）

而此前所有的科学家都认为两者是完全独立的。

其实，从欧几里得（Euclid）到牛顿，所有学者都把时间看作是与空间毫无关系的第四个维度。在测量两点之间的距离时，他们通常还测量从一点到另一点所需的时间。这也是我们测量棒球速度时所做的。学者们都认为三维空间与时间毫不相干。但是，爱因斯坦得到的公式却表明情况并非如此。时间，这第四个维度和三维空间密不可分，它们构成了一个四维世界，我们正存在于这四维编织的时空中。

正如爱因斯坦所说："如果你不是个数学家，你也许会对某个四维的东西感到莫名其妙，但是我们生存的世界确实是一个四维时空连续体。"

爱因斯坦被吸到一个黑洞里去了吗？那你得问问这幅图的作者了——软件工程师和电吉他演奏者大卫·格罗斯曼（David Grossman）。

在现代科学和科幻小说中，你常可以看到所谓的"连续体"（continuum）。所谓连续体，是渐变（无突变）、连续的一系列续发事件或演化进程。

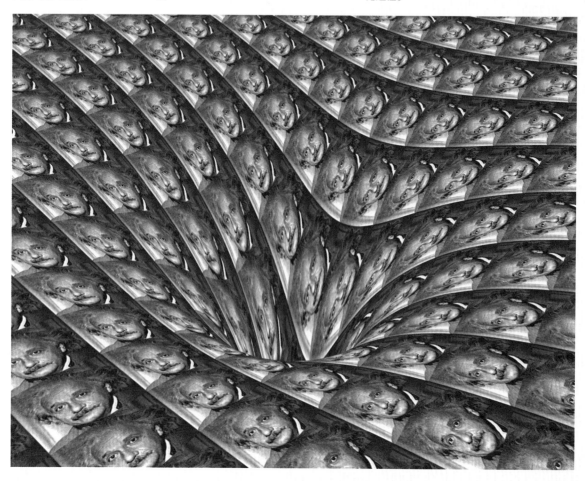

欧几里得的几何学和牛顿的物理学是将时间和空间独立处理的，这在地球上看来顺理成章。爱因斯坦的物理学是用来处理四维时空的。当然这不容易直观地想象出来，因为时空统一只有在非常高的速度下才会凸显出来。然而，你可以将时空的行为通过数学方式加以描述，可以通过时空图的方式画出来。所以，欢迎来到四维时空！这正是你栖息的环境。

一次事件？对物理学家来说，这可不是什么聚会

> 在物理学中，一个基本的概念是事件。两个质点的碰撞就是一个事件，它有发生的时空位置。一个原子发出光也是一个事件。一个石子儿打碎行驶轿车的挡风玻璃、闪电击中一架飞机的螺旋桨，都有确定的时空位置，它们都是事件。事件总是用它们的时空位置标记的，就像在时空中钉上一枚钢钉一样。

——埃德温·泰勒（Edwin F. Taylor）和约翰·阿奇博尔德·惠勒（John Archibald Wheeler），《时空物理学》

> 对于发生在时空中的一件事，我们称为一个"事件"，可用四维时空坐标系中的一个点表示。对于这些点在空间中的一条路径，我们称之为四维时空中的一条世界线……一个典型的事件是，某一时刻，本文的作者正坐在他的书桌前；一条典型的世界线的例子是，这个作者在他的书桌前持续坐了几个小时。

——伦纳德·蒙洛迪诺（Leonard Mlodinow），美国物理学家和剧作家，《欧几里得之窗》

爱因斯坦经常在脑子里问问题。他在脑子里凭自己的想象做实验——这叫作想象实验（gedanken experiment）。

让我们试一下能否与他一起做一个想象实验。（爱因斯坦有一个特别善于联想的大脑，我们得设法挤进去。）他设想自己以接近光的速度运动，他在自行车上绑了火箭，然后发射出去。在我们这些站在地球上的人看来，他几乎像一束光那样快，但在他自己看来，就不是这么回事了，无论他飞得有多快，他测得的光速都是大约为 30 万千米 / 秒。

但是，我们这些看着他以接近光速运动的人还会吃惊地发现，他的手表变慢了——他手表滴答的节奏比我们的慢。但爱因斯坦自己看着他的手表却说，他的手表一切正常，不快也不慢。

英文中的想象（thought）一词，在德文中是 gedanken。现在，这一德文词汇已在世界各国的科学家中通用了。

同样的事情也发生在了他的心脏和脑子里。在我们地球上的人看来，他的心跳变慢了……总之，他观察到的和我们看到的不一样。但这并不是幻觉——这一切都实实在在地发生着。

在飞行的爱因斯坦看来，他的手表连同他带去的一切都再正常不过了，而我们则看到他的一切都变慢了。存在看似不同的两种现实，这是在地球上缓慢运动的世界里从来没有见到过的。而现在，它们却通过爱因斯坦非凡的思想呈现在了我们的面前。

在他的想象实验中，爱因斯坦的思维集中在了三样东西上：事件、事件的间隔、相对运动。让我们也像他一样思考一下这些东西吧。

什么是**事件**？对物理学家来说，它是时空坐标系中的一个点，用来代表一件发生的事。爱因斯坦聚焦于"事件"，把它们视为承载全部物理学的螺丝钉。而事件的时空间隔，即两个事件在空间上和时间上的距离，对描述和记录物理实验十分重要。

没有人能够追上光，即使爱因斯坦的超音速自行车也不行。骑在这辆自行车上，爱因斯坦能够以非常快的速度相对于地面移动，但是光仍然以固定的速度离他而去，他是永远也赶不上的。

你也可以做一些类似的包含事件的想象实验。例如，观察到发射一个光脉冲是一个事件，接收到这个光脉冲则是另一个事件，你现在就要测出这两个事件的时间间隔。然后，想象你的一个朋友也在记录这两个事件，他也要测量这两个事件的时间间隔。但如果他是从一辆极高速度行驶的车辆上观察和测量的话，他的测量结果就会和你不一样，他的结果要比你的短些。究竟发生了什么？为何两个观察者测量同样的两个事件，却得到不同的测量结果呢？

每当说起运动，我们需要先确定参考系。透过飞机的舷窗，我能看到我相对于地面上如蚂蚁般的汽车有多快。这时，我就是在以地面为参考系。但对于我旁边座位上的人来说，我是静止的。

麦克斯韦告诉我们，光在真空中的速度在不同观察者看来完全一样，与他们间的相对运动无关。也就是说，如果上面两个做相对运动的观察者测出的距离不一样，那么在他们看来，闪光从一处传到另一处所用的时间也就不一样了，因为同样的光速需在不同时间内才会传播不同的距离。这个结果也许令人难以置信，但那只是因为我们从没有那么快地运动过，所以没遇到过这样的事。

准确地说，光的有些性质，比如频率和方向，在不同的参考系看来确实是不同的。唯独（真空中）光的速度，在任何一个惯性参考系中看来都是相同的。

科学笑话

我认识的一个物理学家曾经给我讲过下面一则笑话：

天晓得飞机乘务员是怎么训练出来的！在一架时速 1 100 千米的飞机上，一个乘务员可以把一个杯子准确地放在壶嘴正下方 10 厘米的地方，而且每一滴咖啡都会正好倒入杯子的中央。而那个杯子就在那滴咖啡下落的 0.14 秒内已经前进了 45 米了。想象一下，把每滴都倒到 45 米以外是个什么概念？大概连最伟大的篮球手也做不到这一点吧！

当然，所有这些都是在地面的观察者看到的，我的那个朋友补充说。飞机上的乘客只不过看到乘务员像平常一样在倒一杯咖啡而已。

你可以通过方程 $s = vt$ 了解到底发生了什么。速度 v 始终都相同。距离 s 对于两个观测者来说不同，这就意味着，时间 t 对他们来说必定也不一样。

很早以前，伽利略就已经意识到，如果两个事件不是同时发生的，那么对于两个做相对运动的观察者而言，这两个事件的空间距离是不同的。他还意识到，只有相对运动才有意义。但是在爱因斯坦之前，从没有人想到过，这两个事件的时间间隔也会不同。

对于两个做相对运动的观察者而言，同样的两个事件间可以有不同的时间间隔，这一思想是狭义相对论的核心。下一页（第21页）的图是在不同参考系中观察到的光钟，它会帮助你理解为什么时间会不同。

比射出枪膛的子弹更快

想象一下自己坐在一辆以 0.9 倍光速前进的有轨电车里。电车开得极其平稳，在车厢里，一切正常，只有望一望车外的景象你才能知道自己在高速前进中。你的手表完全以正常的步调运转。然而十分不可思议的是，在街道上的人看来，你的手表却走慢了。更奇怪的是，当街上的人瞥一眼疾驰而过的电车时，他们发现车厢和里面的乘客都被压扁了，被压成只有数厘米。但当车停下来的时候，车和里面人的模样又一切正常了。

你大概在纳闷怎么从没见过这种怪事吧，这是因为你从没看到过什么物体会以这么快的速度经过你的身旁。但你如果真看到的话，这种事就会发生。长度并没有什么绝对意义，时间也是。

根据爱因斯坦的相对论，当一个静止的人看到一个接近光速运动的物体时，他的感觉是：那个物体上的时钟变慢了，运动方向上的长度变短了（图中的车厢变短就是这个道理），但是这个物体的质量会增加。

如下左图所示，一束光在两个相距为 s 的平行平面镜之间来回反射。这样，我们就制成了一台光钟——光脉冲从下面的镜子发出射向上面的镜子，然后向下反射回来，下面镜子每次发射和接收到这个反射回的光脉冲，时间间隔就记录一个"嘀嗒"。

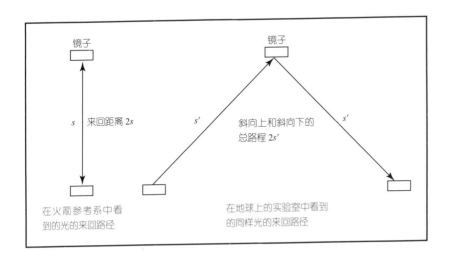

现在该朋友乘坐的火箭正呼啸着飞过地球上方，设想你在地球上正用一架超级望远镜观察那台钟。地球是相对于你静止的参考系，那你看到的光的传播路径可就是右边那张图了。光从左下角的镜子发出，斜向上通过 s' 的距离才被正上方的镜子接收到并反射回去，于是，再斜向下走过相同距离 s' 后才被下面的镜子探测到，从而走了一个这样的来回。

看懂怎么回事了吗？从地球参照系中观察，镜子在光脉冲反射回来前已向前运动了，而在火箭参照系里观察，镜子一点没动。你的朋友和你看到的情景完全不同。

假若你的一个朋友把这台钟带上了高速飞行的火箭里。在相对他静止的火箭参考系里，他看到静止的钟运转正常，一束光上下垂直来回振荡，每一个嘀嗒所需要的时间正是光走过 $2s$ 距离所经过的时间。

是不是给火箭中和地球上看到的光路弄晕了？每个人第一次看都会给弄晕的。相对论是描述那些我们平时碰不到的、以非常高的速度运动的现象。除非你是天才，不然弄懂这些是得好好读几遍。设法把这些图画一遍吧，这对你会很有好处。

要在二维平面上准确地描绘出相对论的四维时空是不可能的。上图画的是，想象出来的在光速下可能发生的时间畸变。

右图所展示的心跳可以看作是另一种时钟。如果你在太空中以飞快的速度运动，那么地球上的人就会看到你的心跳明显变慢了。（当然对你来说，一切正常。）这意味着，地球上的朋友会发现，你衰老的过程变慢了。这一过程将导致"双生子悖论"。但其实这并不是真正的悖论，而是宇宙中自然而然的事情。

因为 s' 大于 s，所以你所看到的光走过的路程就要长。由于光速不变，所以你观察到的一次嘀嗒的时间间隔就要长一些。而且，火箭飞得越快，你观察到的时间间隔就越长。当然，在火箭上的人看到的永远是左图那样的景象，他会说，一切正常。

上面的例子就是说，光的速度在不同参考系中是一样的，但是光走过的路径却不相同，这就是地球上的你看到火箭中的钟变慢的原因。换句话说，正是**由于真空中的光速永远不变，才使两个事件的间隔从不同参考系的观察者看来完全不同。**

到这里你也许会问：这一切只是对上面这种在科学实验室里才有的奇怪的光钟才成立吗？那么其他的普通钟表呢？那你就想象一下，你的朋友把机械钟、石英钟、原子钟以及各色各样的老爷钟也都带上了火箭，放置在他的光钟旁边。这时他可以确认所有这些钟在他的参考系里都给出相同的时间。

这时，当地球上的你用超级望远镜观察火箭里的这些钟时，你会看到什么呢？你会观察到所有钟的嘀嗒声，甚至于他的生物钟——心跳都变慢了！这并不是我们的臆想，这一现象已经被实验所证实。现在，就让我们向牛顿的绝对时间观告别，向相对论问好吧！

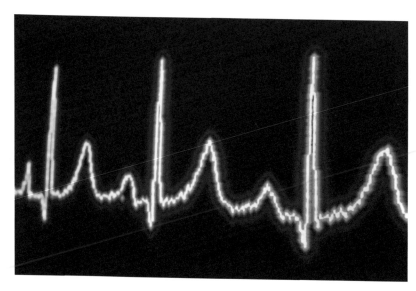

一点点数学：欧氏几何与非欧几何

爱因斯坦小时候就是欧几里得的崇拜者。欧几里得那令人叹为观止的几何学体系是建立在五条公理之上的。所谓公理就是我们假设正确的东西，它们被认为是不言自明的，而不需要任何证明。但是，这五条公理中第五条的正确性就没有其他四条来得显而易见，这一条就是关于平行线的公理。欧几里得认为，如果 L 是一条直线，而 P 是直线外的一点，那么过 P，可以作且只能作一条 L 的平行线。平行线是可以无限延长而又永不相交的两条直线，但没人可以证明这个概念。对有思想的数学家而言，这非常令人讨厌。

在 19 世纪，有几个数学家，即洛巴切夫斯基（Lobachevsky）、鲍耶（Bolyai）和高斯（Gauss）发现，欧几里得的第五条公理其实没有必要。取而代之，他们想出了与欧几里得的平面几何完全不同的"弯曲"几何。其中过直线外一点可以作无数条平行线。

后来，格奥尔格·弗里德里希·波恩哈德·黎曼（Georg Friedrich Bernhard Riemann, 1826—1866）

是不是所有的平行线永远都不会相交呢？艾舍尔（M. C. Escher）在 1947 年的作品《另一世界》中用尽各种办法呈现了欧几里得几何中的这一基本问题。而非欧几何对这个问题的回答很简单：会相交。

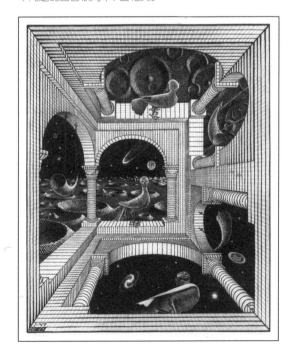

有物质的地方，就有几何。
——约翰尼斯·开普勒（Johannes Kepler, 1571—1630），德国天文学家

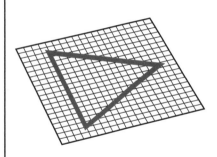

在一个平面上，三角形的内角和为180°。这就是欧几里得几何，或平面几何。

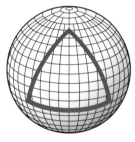

在如球面这样的正曲面上，三角形的内角和大于180°。

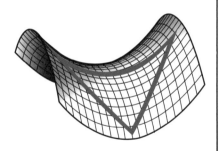

在如马鞍形这样的负曲面上，三角形的内角和小于180°。

又想出了另一种非欧几何，其中平行线并不存在，也就是说任意两条直线都是相交的。不仅如此，在欧几里得几何里，三角形的三个内角加起来是 180°，而在黎曼几何里，三个角之和就不是180°了。在一个球体的表面上，三个角之和超过180°，而在一个马鞍形的表面上，三个角之和不到 180°。这是一种新的数学。

如果用黎曼几何学来考虑，空间可以有许多个维度，不只是三个或四个。他的想法完全是抽象的纯数学。爱因斯坦把这种想法应用到了真实世界的四维时空中（长度、宽度、高度和时间）。现在，有不少科学家在用多维空间的思路来研究宇宙。当然，这就需要更加新颖的数学工具了。

洛伦兹变换

知道 2/3 加上 5/6 是多少吗？看了下面的东西，你的答案大概就不那么肯定了。

通常我们所用的加法规则在接近光速的物理场景里就不再适用了。如果我坐在一艘以 2/3 倍光速前进的飞船里，向前扔出一个小球，并假定我有充足的力气把球以相对于自己 5/6 倍光速的速度投出，如果外面的一个观测者把这两个速度相加，就会得到小球的速度为 2/3 + 5/6 = 3/2 倍的光速。但既然没有物体的速度可以超过光速，那么这个答案无疑是错。也就是说，我们需要一个新的加法运算法则了。荷兰物理学家洛伦兹（1853—1928）就想出了一种新的算术法则，叫作洛伦兹变换，这一算法可以在接近光速的情况下使用。爱因斯坦就从中受益匪浅。

狭义相对论是在忽略一切引力的条件下描述运动的，或者也可以说，它研究的是一个平坦的时空。因此，爱因斯坦可以利用欧几里得几何。但是当他后来开始考虑引力存在的情况时，他就必须使用超出欧几里得几何和洛伦兹变换的数学工具了。通过对黎曼几何的推广，他不仅使它适用于弯曲的空间，而且也适用于弯曲的时空。

时间维度

无论你在后面如何追赶一束光，它都将以光的速度远离你。你不可能将你与光之间的相对速度降低分毫，更不用说赶上它了。这可是个非同小可的结论。爱因斯坦意识到，光速不变性预示着牛顿物理学的垮台。

——布赖恩·格林，美国物理学家，《优雅的宇宙》

当一台钟运动时，是不是它的什么零件出问题了，才让它慢了下来呢？绝对不是。因为钟运动还是静止取决于观察它的人。想让它静止吗？跟着它一起动就可以了！想让它动起来吗？那就改变你自己的速度吧！即使你和这台钟相隔一个太阳系的距离，也是这样！

——埃德温·泰勒和约翰·阿奇博尔德·惠勒，《时空物理学》

爱因斯坦 1905 年关于狭义相对论论文的手稿有整整 31 页，却起了一个不起眼的名字"论运动物体的电动力学"。显然除了"运动"二字以外，这个标题一开始并没有表达出爱因斯坦的意图——**他在重新定义时间和空间的本质**。这篇论文耗费了他极大的精力，以至于写完后爱因斯坦就卧床休息了两个星期，而只能让他的妻子米列娃（Mileva）检查其中的数学错误。

每个人都知道，我们的可见世界拥有三个维度：长度、宽度、高度。但我们为什么要局限于这三个维度呢？在深入思考了空间和运动的问题后，爱因斯坦发现，空间维度应该和时间维度融合为一。而在此之前，每个人都以为应该把时间和空间区别开来。

爱因斯坦说，**时间是不可分割的第四维度**，而能量和物质本身就像电和磁一样，应该在这种四维时空中从本质上被统一到一起。

这幅创作于 2000 年名为《爱因斯坦耍弄时间》的画讲的是，在我们所在的宇宙中，时间并不是由一个统一的时钟决定的。对于这一点，爱因斯坦曾解释道："我们不能够定义一个绝对的时间，时间和速度是密不可分的。"时间和速度密不可分，就意味着时间和空间是密不可分的。悟出这一点之后，爱因斯坦曾写道，他感到自己开始接近"上帝是如何思考"的了。

当他的论文发表后，爱因斯坦期待物理学界对此的各种反应，因为毕竟如果这篇文章的观点成立的话，教科书上的许多东西都要被颠覆了。但事实上，也许正是因为这个道理，大多数物理学家都忽视了这篇论文。然而，一些顶尖的物理学家却注意到了爱因斯坦的观点。马克斯·普朗克（Max Planck）是发表爱因斯坦论文的杂志的审稿人之一。他首先作出了评论。当时，普朗克对爱因斯坦关于光是一份一份传播的观点心存怀疑，但这一关于时间和空间的大胆想法却令他颇感兴趣。他非常重视狭义相对论的观点，还专门写信给爱因斯坦问了几个问题，很快组织了一个关于相对论的研讨班。

X 射线的发现者威廉·伦琴（Wilhelm Roentgen）写信给爱因斯坦索取论文的复印件。当时还在布雷斯劳做研究生的马克斯·玻恩（Max Born）也写信来索取清样，他后来成了杰出的物理学家和爱因斯坦的好朋友。随后注意到相对论的还有赫尔曼·闵可夫斯基（Hermann Minkowski），他是爱因斯坦在苏黎世联邦理工学院读书时的老师，他几乎不相信那个被他骂作"懒鬼"的学生居然写出了这篇文章。闵可夫斯基不仅接受了爱因斯坦的理论，而且还应用了某些新的数学表述，拓展了爱因斯坦的观念。

正是闵可夫斯基通过数学手段把时间和空间融合在一起，并最终催生了时空（spacetime）这一概念。他说："从此之后，时间和空间作为独立的概念势必退出科学的舞台，只有它们的结合才能客观地、独立地存在。"

在德国科隆的一次演讲中，闵可夫斯基告诉听众们，别再把三维空间和时间看成是互不相干的变量，比如 x、y、z，再外加一个 t。**时间 - 空间是四个相互关联的维度交织在一起的时空实体。**闵可夫斯基在完成这项重要工作之后就不幸去世了，因而没有得到与他对相对论贡献相称的荣誉。

就这样，一个年仅 26 岁的大胆的专利局职员，从根本上对牛顿的时间、空间相互割裂且不变的观点提出了质疑。如果这个职员是对的，那许多年来像神灵一样被供奉着的科学教条将走下神坛。爱因斯坦坚信他是正确的。

1906 年，爱因斯坦在专利局得到了晋升，并加薪三成。（这与他 1905 年发表的相对论论文无关，而是因为他工作出色。）这使他和他的妻子以及两岁的儿子汉斯·阿尔伯特（Hans Albert）有了经济上的保障。一年后，爱因斯坦开始向瑞士伯尔尼大学申请独立讲师的职位（按照当时欧洲的传统，这是学术生涯中的最低一档，仅有授课的资格）。他的申请一开始遭到了拒绝，直到 1908 年才获得批准而开了一系列讲座，其对象主要还是他的一小群朋友。爱因斯坦一直保留着他在专利局的工作，那儿的薪水是他主要的生活来源。

与此同时，普朗克正在逐渐关注狭义相对论。他派了他的助手，后来的诺贝尔奖获得者冯·劳厄（von Laue）去拜访了当时还默默无闻的爱因斯坦。据说，当时劳厄刚进客厅，就让给他开门的那个年轻人带他去见狭义相对论的作者，而劳厄并不知道，他面前的这个小伙子就是这个作者。后来，爱因斯坦在向他的一位朋友述说当时的情景时曾说，劳厄是他这辈子见到的第一位真正的物理学家。而他的这位朋友则嘀咕，你难道从没有照过镜子吗？

享有盛誉的爱因斯坦和他的妻子米列娃与他们儿子汉斯的合影。

之后，爱因斯坦的想法逐渐吸引了物理学界精英阶层的注意。最终在 1909 年，他获得了邀请，前往苏黎世大学做理论物理学全职副教授（苏黎世大学与苏黎世联邦理工学院是两所不同的大学，也位于苏黎世）。当他准备离开专利局而去专注于物理研究时，他的老板十分惊讶，因为他之前并不知道他手下的职员就在他们的办公室里解释了布朗运动、发现了光子、提出了相对论，而且所有这些都是他在业余时间完成的。

当爱因斯坦到苏黎世讲课时，他略显得短的裤子和凌乱的头发，对他来说并不要紧，后来也一直如此。他醉心于科学，并急于和他的学生们分享。他鼓励学生们在课中间打断他并向他提问，要知道这在当时并不合乎德语大学的传统。一个学生写道，"只讲了几句话，他的思想就俘获了我们"。

苏黎世也曾是爱因斯坦和他的妻子相识和一起求学的地方，可以说是他们的福地。在 1910 年，他有了第二个儿子爱德华（Eduard）。

当爱因斯坦和他的妻子米列娃住在布拉格（右图）的时候，布拉格还属于奥匈帝国。直到 1918 年第一次世界大战后，布拉格才成为捷克斯洛伐克的首都。捷克斯洛伐克于 1993 年分裂为捷克（首都仍为布拉格）和斯洛伐克。

后来，捷克的布拉格大学有了一个正教授职位的空缺，这是一个十分体面的职位，并且有一份优厚的收入。在校方咨询普朗克他们是否应该邀请爱因斯坦时，普朗克的回信写道："如果爱因斯坦的理论最终被证明是正确的话（我个人对此十分有信心），他将成为 20 世纪的哥白尼。"

于是，爱因斯坦很快就踏上了前往布拉格的旅途。布拉格是一座伟大的古城，但是由来已久的仇恨却将大学里的教师们分成了捷克和德国对立的两派。学校对教授们行为举止的要求十分严格。在入职仪式上，爱因斯坦必须身着正式的帝国制服和佩剑。在给朋友的信中，爱因斯坦将布拉格描述成"一边是做作的奢华，另一边是满布街道的苦难"。在那样的环境下，爱因斯坦过于随意的性格就显得有点不讨人喜欢了。他没有意识到初来乍到的他，应该首先去拜会这儿的教授，于是有些人将此视为一种侮辱。此外，爱因斯坦的犹太血统和他妻子的斯拉夫血统也使得他们和周围的环境格格不入。爱因斯坦的妻子米列娃放弃了工作，因为她有两个幼子需要照顾，而她在布拉格也没有朋友。他们婚姻的基础开始动摇了。

弗朗茨·卡夫卡（Franz Kafka）在 1915 年出版的《变形记》的开头写道："一天早晨，格雷戈尔·萨姆萨（Gregor Samsa）从梦中惊醒时，他发现床上的自己已经变成了一只巨大的蟑螂。"下图是这篇恐怖小说 1946 年版的插图。

与此同时，爱因斯坦需要令人兴奋的交谈。1911 年，他在布拉格的咖啡馆里参加了一个犹太人讨论组。32 岁的爱因斯坦和 28 岁的犹太作家卡夫卡，在关于文学、艺术和哲学的讨论活动中一见如故。卡夫卡白天在一家保险公司上班，晚上则利用业余时间写小说。后来，卡夫卡的朋友马克斯·布罗德（Max Brod）也

牛顿考虑的运动是沿着平坦空间中的曲线运动。爱因斯坦考虑的运动是沿着弯曲空间中的直线运动。

加入了进来，他擅长钢琴，并经常与爱因斯坦的小提琴合奏。布罗德从爱因斯坦身上获得了灵感，并把他作为他的小说《第谷·布拉赫（Tycho Brahe）的救赎》开普勒这一角色的模板。

1911年的秋天，爱因斯坦收到了参加比利时布鲁塞尔的第一次索尔维物理学会议的邀请，这意味着他已被承认是一流的物理学家了。在布鲁塞尔，他见到了普朗克、洛伦兹，还第一次见到了来自波兰的居里夫人（Marie Curie）、英国的欧内斯特·卢瑟福（Ernest Rutherford）、法国的路易－维克多·德布罗意（Louis-Victor de Broglie）和荷兰的海克·卡默林·翁内斯（Heike Kamerlingh Onnes，超导现象的发现者）。在24名与会者中，居里夫人是唯一的女性，爱因斯坦是最年轻的科学家，他们很快成了朋友。爱因斯坦被邀请作整个会议的结束发言。布鲁塞尔是爱因斯坦的梦想之地，他在那儿找到了一群天才，在那儿没有民族的隔阂，只有对科学的追求。

而此时，爱因斯坦的妻子米列娃却在寻求物理教职的路上颇为不顺。她写信给参加索尔维会议的爱因斯坦说："我多么渴望能听一下和看一眼那些出色的人物……然而这只是个奢望。上回见面后似成永别，不知你还记得我吗？"

在来布拉格16个月后，爱因斯坦被邀请回到了苏黎世联邦理工学院，这是他和妻子相爱的地方。12年前，那里的教授们没有为他推荐物理学领域的任何职位，而现在他们却提供给爱因斯坦正教授的职位。不知爱因斯坦有何感想？

戴红帽的人

一个少女叫明亮，
她快到能赛过光。
一天早上她出发，
走在相对论的旅途上，
她前一天晚上就回来了。

——阿瑟·亨利·布伦（Arthur Henry Bullen），英国编辑、诗人，莎士比亚出版社创始人

爱因斯坦试图了解运动的本质，于是想象自己在高速运动。我们可以和他一起开始做一个想象实验。他登上当时最快的交通工具——火车。[1908年，威尔伯·莱特（Wilbur Wright）在法国公开展示飞机飞行，一群观众发出了欢呼。那时，相对论已经公开发表了三年。]

想象一下，坐在火车站站台长凳上的戴红帽的男人，正看着火车驶过他身边。他静静地坐在那里，他看来是静止的。

现在一列火车呼啸而过。假定透过火车的玻璃窗，可以看到车厢椅子上坐着另一个戴着绿帽子的男子。那么，他是运动的还是静止的呢？如果你也在火车上，他看来是静止的（实际上他已经睡着了）。但是，从站台上，你能看到戴绿帽子的人快速经过你。那么，这个戴绿帽子的人是静止的，还是运动的？答案显然取决于你所选取的参考系。

坐在火车车厢里，你到底是运动的还是静止的呢？

在20世纪，爱因斯坦的那些可以引领我们窥见宇宙宏图的惊人理论，被学术精英和科学家广泛研究。而到了21世纪，精英已不再时髦，我们所有的人都应该解放思想。

当戴绿帽的男子竖直向上扔出一个球时，他周围的乘客看到球是直上直下运动的（左下角的插图）。而车厢外站台上的乘客看到的却是一条弧线。谁看到的才是球的真实运动呢？答案是，他们看到的都是，这取决于他们所选的参考系。换句话说，运动具有相对性。

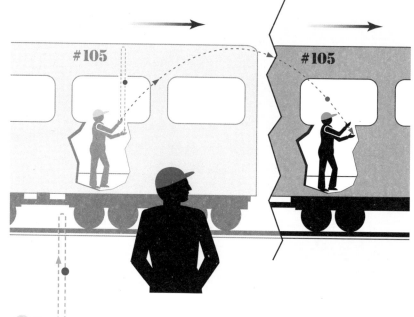

牛顿说过，静止的物体将保持静止，直到有外力作用于它为止。这听起来是对的，就像你坐的椅子，不推它是不会动的。牛顿定律虽然在日常生活中看起来十分正确，爱因斯坦却说宇宙中没有绝对静止的东西。我们的地球、太阳系和所有的原子相对于其他什么东西都在运动着。所以今天的物理学家说：只有相对运动才有意义，运动是相对的。

现在，我们再回过来看一看站台上戴红帽的男子。他站了起来，再一次观察了列车内的情况。

火车里戴绿帽的男子现在也醒了，走到车厢的过道里。他朝车顶扔出一个小球再重新接住，车厢里每一个看着他的人都可以作证：小球先竖直向上运动，后竖直向下运动。

但站台上戴红帽的男子却不这么认为，小球刚抛出时，火车在站台的一头，而当小球被接住时，火车已经驶到了站台的另一头。毫无疑问，站台上的红帽男子会说，小球的运动轨迹是一段弯曲的弧线。

对于火车上的人来说，小球的运动是直上直下的；而对于站台上的人来说，小球的运动轨迹是一条弧线。同样的过程在不同参考系的观察者看来是不一样的吗？爱因斯坦说，是的！这取决于观测者（你）在哪儿，以及以多快的速度运动。（这一点伽利略和牛顿也同意。）所以，我们对事物的观察结果具有相对性。

爱因斯坦想得很深，他并没有被常规的思维所束缚。所以，你也要从这种束缚中跳出来。相对论告诉我们：对空间、时间和运动的观念必须扩展。尤其是当我们将视野扩展到地球之外的整个宇宙时，更应如此。

爱因斯坦想象车厢里有一个时钟，车厢外有一个女孩子看火车通过。列车上的乘客认为钟的嘀和嗒之间用了一秒钟，而路基旁的女孩会觉得这当中的时间间隔要比一秒钟长那么一点点。（当然，对于地球上的速度来说，这种差别是极其微小的，只有测量高速粒子的科学家用最精确的钟才有可能测出来。对于火车上的时钟嘀嗒一次的时间间隔，列车上的乘客和路基旁的女孩子为什么会得出两种不同的结论呢？）爱因斯坦说这是因为"任何运动都是相对的"，他进一步解释道：

（1）车厢相对于路基在运动。

（2）路基相对于车厢在运动。

如果你坐上一枚不断加速至极高速度飞行的火箭，这种差别就会更加明显。你地球上的朋友就会观察到你和你手中的铅笔所发生的变化（你若乘坐在低速的摩托车上，他就不容易观察到这种变化）假如他可以用超级望远镜看到你，此时，他将看到平时完全看不到的景象。他会看到你和你手中的铅笔变得越来越扁，你的手表也走得越来越慢，而且你的心跳也将越来越慢。这些并非他头脑中的错觉，他看到的确实如此。

收缩了，这也许是地球上的观测者对以接近光速上升火箭中的你最恰如其分的描述。他看到你的宽度如常，但身高变短了。你手中的铅笔与原来相比，也变短了。如果改变你坐在火箭里的位置，他同样会发现你在火箭运动方向上的尺度收缩了。

路基（embankment）是一个有点老的词，它是指支撑道路或是铁轨的那些沙土。我用路基这个词，是因为我想爱因斯坦的脑海里想的大概就是这种东西吧。

记住，当你相对于一个观察者运动时，他也在相对于你运动。你们中没有人是静止的，没有一把绝对静止的尺。

拿一支铅笔，看着它在桌面或墙上的影子。影子和笔一样长吗？你应该可以看到移动铅笔时，它的影子长度会发生变化。把铅笔想象成四维时空中的东西，那么我们在三维世界所看到的就是它的投影，就像铅笔的影子一样。这就是爱因斯坦的想法。

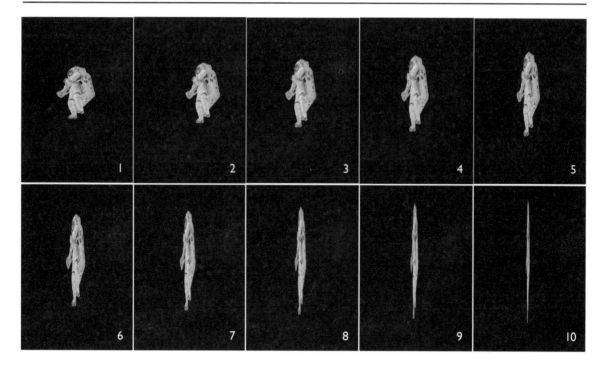

上图讲的是在极大的引力下，而不是在极大的速度下的奇异效应。这种效应叫作"意大利面效应"，形象地描述一个人或一个物体被黑洞抓住时的情况。在靠近黑洞时，由于人的脚部和头部所受的巨大引力差（脚比头更加靠近黑洞时，脚所受的引力要大），于是人就像一段意大利面一样给拉长了。与此同时，当他被吸进黑洞中心时，四周的力会挤压他。你可以把这图复印两份，剪成 20 个小张，并按 1、1、2、2……顺序叠在一起，将上边钉在一起，迅速翻动它们，这样就能做成接近黑洞时的动画了。

再重复一遍，没有任何有质量的东西能够像光那样快地运动。现在的空间飞行技术远未接近光速。

另一个也许听起来更古怪的事情是，坐在火箭中的你根本意识不到地球上的观察者看到你的这一切。同样，你感到自己一切如常，但却发现地球上的观察者收缩了、手表变慢了。因为在你看来，自己是静止的，而他们却是在高速运动着。

1920 年，英国天文学家阿瑟·斯坦利·爱丁顿（Arthur Stanley Eddington，1882—1944）在阅读爱因斯坦的著述后写道："最难想象的恐怕就是，相对运动的每一方都会认为另一方的形状发生了收缩，这看似是一个在故事书里都会被当作奇谈的悖论，现在却在严肃的科学文献中出现了。"

你之所以从未看到过以上这种奇怪的景象，是因为你从没有看到任何东西（光除外）能够以接近光的速度从你身旁掠过——但这些确实都是事实。用相对论的话讲，**长度没有绝对的意义，同样时间也没有，它们都是相对的**。

在牛顿力学中,两点之间的距离就像直尺上的两个刻度一样确凿无疑,即使尺子运动也不会改变。而爱因斯坦的物理学却认为,一把刚性的尺子一旦运动起来,就会变短,而且速度越快,变得越短。这并不是光学的幻象。每个不同的观测者会量出不同的长度。只有对某个观察者来说这把尺的长度才不会改变,那就是相对于该尺静止的观察者。地球上静止的观察者透过火箭的舷窗看到,上升的火箭中竖直的尺子要比它静止在地面上时短。(火箭也变短了。)这的确让人匪夷所思,但确实是真的。

当爱因斯坦弄明白时间和距离(或者长度)都会随运动而变化后,他就开始思考,质量难道就不会变吗?他最终发现,**质量随运动而增大**。这确实是一个非常大胆的结论,即使对爱因斯坦来说一开始也难以相信,那时他甚至怀疑:"上帝该不会嘲笑我的这种胡思乱想吧!"

而事实上,上帝似乎赋予了他非凡的灵感,使他的思维充满了奇迹。这个质量随物体运动而变大的想法最终将爱因斯坦引向了一个伟大的公式:$E = mc^2$。在爱因斯坦之前,质量和能量一直被认为是完全不同的东西,遵循各自的"总量不变"的"守恒律"。现在,人们已意识到,质量和能量是同样的东西。$E = mc^2$被称为质能公式,也就是说,质量和能量之间存在潜在的对应关系,质量亏损或能量亏损是由其对应的另一方所补偿的。

如同货币中的元和分一样,质量和能量只是同一事物的不同面值形态。将元转换成分有一个转换率。

在方程 $E = mc^2$(下面是爱因斯坦的手写真迹)中,c^2 就是质量和能量间的转换率。

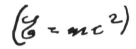

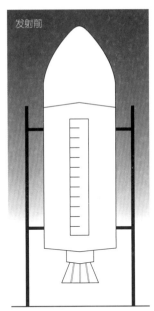

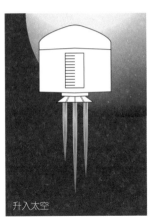

对于地球上的观察者来说,一架接近光速升空的飞船,看起来要比静止在发射台上时要短。类似地,飞船中所有的东西(包括尺),都会缩短。但飞船里面的人所看到的是,从发射到接近光速,这些没有发生任何变化。

全球定位系统（GPS）可以追踪你汽车的位置并为你导航。它们是如何工作的呢？除了卫星通信、定位传感器、数字地图等以外，爱因斯坦的广义相对论方程也是必不可少的。没有这些方程，就没有GPS。

爱因斯坦的想法告诉了我们什么

· 宇宙中没有绝对的参考系。

· 从任何地方观察宇宙，都可得到相同的物理规律。

· 宇宙的中心可以任意选取，每一点都可以认为是宇宙的中心。

· 宇宙中只有一个速度在任何观察者看来都是一样的，那就是光速。

· 离开一段距离的两个物体之间的相互作用不可能是瞬时的。换句话说，没有东西运动得比光速更快。

如果这一切令你觉得奇怪的话，那就想想"大地是圆的"这一概念曾经让相信平坦大地的人们纠缠了多久吧。相对论也一样，虽然被诸多科学实验所证实，一开始往往也需要费一番脑力才可以被人理解。当今，为飞机、轮船和汽车导航的 GPS，如果没有爱因斯坦的那些方程的话，就不能实现。

了解时间和空间是交织在一起的，了解质量与能量具有同一性，这将有助于你成为 21 世纪一个有思想的人。

到现在为止我们所讨论的是狭义相对论。但它并不是一个完整的理论，因为它只有当周围物体的万有引力非常弱，以至于可以忽略不计时才成立。如果引力使运动着的物体发生偏转，哪怕一点点，狭义相对论也就只能作为一种近似理论。在引力非常强的地方，狭义相对论只会给出错误的结果。爱因斯坦在经历了一段最为艰难的思考后，给出了一个新的理论，并将万有引力纳入其中。这后来成为他一生中最伟大的成就，也是近代物理学中最引人关注的理论。

双生子佯谬

现在的时光，过去的时光，

也许都存在于将来的时光之中，

而将来的时光就在过去的时光里。

——埃利奥特（T. S. Eliot, 1888—1965），英裔美籍诗人，《四首四重奏：烧毁的诺顿》

爱因斯坦的广义相对论将时间与空间从事件发生的背景带到了台前。它们成了宇宙中一切运动和力的主体和参与者。

——斯蒂芬·霍金，英国物理学家，《果壳中的宇宙》

你的身体和所有人的一样，都是一台时钟，它一分一秒地走着，不断衰老。如果一次生命恰好包含 1 万亿次光钟的嘀嗒，那么当你的钟嘀嗒 1 万亿次后，你的生命也将结束。但是，当你以非常快的速度运动时，地球上静止的观测者将观察到你这台钟每次嘀嗒的时间间隔变长了。也就是说，你的钟嘀嗒 1 万亿次所用的时间要比地球上同样的钟嘀嗒那么多次要长。

在地球上，**他们看到你活得比他们要长**。这样一来，如果你想活地球上的三个世纪（地球上测量的时间）的话，你只要乘上火箭，以飞快的速度离开地球，等地球上过了三个世纪后再回来就行了！因为你随身携带的时钟在你回来时，记录的时间将会远远短于 300 年。事实上，如果你飞行的速度足够快，也许你的钟才走了 10 年，回来时你还很年轻。而曾经的朋友们呢？非常遗憾，他们恐怕早已不在人世了！

回忆你在前面看到的，一束激光在两块平面镜之间来回反射一次，这种光钟就嘀嗒一下。

"如果爱因斯坦是对的，那我们回来时我的车应该留在停车位里 320 年了。"

当你追求一个漂亮的女孩时，一小时过起来就好像一秒钟。当你坐在烧红的煤渣上时，一秒钟过起来就好像一小时。这就叫相对论。

——阿尔伯特·爱因斯坦

从爱因斯坦的狭义相对论可以得出一个有点奇怪，但却是事实的事情，这就是下面所说的双生子佯谬。它取决于你自身的时钟。

假定你有一个孪生兄弟，在你去星际旅行时，他留在地球上，你觉得自己在高速火箭上度过了 10 年时间，然后返回地球。在这期间，你觉得你身边的时钟运转正常。但是从地球上的人看来，在远方飞船上，你的举动就好像是在蜗牛爬：你的心跳、你的手表，连同你衰老的过程都大大减缓了。最后，当你觉得自己去了 10 年而回到家时，就会发现自己只比离家时长了 10 岁，而你留在地球上的孪生兄弟却已经是一位长者（甚至已经死亡）了。时光在你们身上留下了不同的痕迹。

双生子伴谬

如果告诉你的朋友：一对孪生兄弟，其中留在地球上的那个会比那个星际旅行归来的孪生兄弟要老。那么，他只要懂一点物理就根本不会相信你。"既然每个人都看到，对方的钟发生了运动，那么两个人都会发现对方的钟变慢了。也就是说，他们俩都发现对方比自己年轻了！"显然，我们知道这是不可能的。这就是伴谬或悖论。

代数能解决这个悖论，这样你就得用到洛伦兹变换。

同时也想一想以下问题吧。其实这对孪生兄弟的运动并不是完全一样的。待在家里的那个始终静止在一个惯性参照系中，所以狭义相对论是适用的，而做太空之旅的那个曾经改变过运动的方向：先是远离家，后是回到家。如果他是在一瞬间改变方向的，那么他一定会头晕目眩。这就说明，他们两人的运动方式并不是完全相同的。这一点会使我们的分析变得相当复杂。相对论告诉我们，在同一个惯性系中的观测结果才是可靠的。所以，始终待在家的那个所观察到的结果才是可信的：星际旅行的那个返回时会年轻一点。

爱因斯坦的理论至今已通过了所有实验的检验：把精密的原子钟放到高速的飞机上，人们真的发现它走时慢了那么一点儿（几十亿分之一秒）。图中精密的氢原子钟，过三千万年走时的差错也不会超过一秒。它被放到名叫引力探测器 A 的火箭上，以检验相对论的正确性。

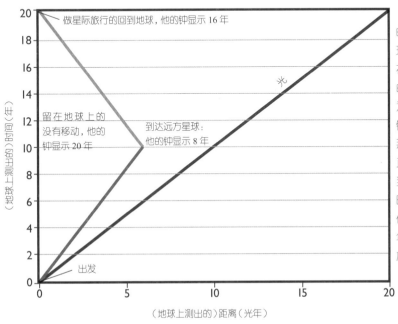

这个图显示了双胞胎的时空之旅，一个留在地球上，一个接近光速航行。在旅行者所到达远方星球的返回点上，他的钟记录为 8 年，返抵地球时他的钟记录为 16 年。地球上的那个钟没动一寸（图中垂直的时间轴移到了上方），当他返回地球与兄弟会面时，他的钟记录为 20 年，他的孪生兄弟比他年轻 4 年。图中紫色线表示光的旅程。

做星际旅行的回到地球，他的钟显示 16 年

留在地球上的没有移动，他的钟显示 20 年

到达远方星球：他的钟显示 8 年

光

出发

（地球上录下的）时间（年）

（地球上测出的）距离（光年）

假设有一个接近光速运动的宇航员，他和自行车运动员有什么共同之处呢？他们在他们自己的参考系中都是静止的。

现在假定你是留在地球上的那位，用望远镜看着高速离开地球的孪生兄弟。那么你也将看到他腕上的手表比你自己戴的要慢得多，当他回来的时候他那块表上走过的时间自然也比你的短。这样回家的他就要比你年轻啦。这种看似荒谬的事情确实发生着，即使在你骑着自行车时也是这样，只不过即使你以超音速骑行，你的速度也与光速相差甚远，你手表的走时和你心跳的变缓也将小得难以察觉（小数点后面很多很多位）。

那么究竟有没有办法证实这些结论呢？一位物理学家朋友说，我们完全可以大胆假设一切，科学就是创造出模型或理论，然后通过观察来检验它。换句话说，科学的本质就是假设，然后证明或证伪。**科学研究的意义在于找到实验证据**，而现在爱因斯坦的假设是：当我们观察身边运动着的时钟时，我们将看到它们比静止在我们身边的时钟要走得慢。

如何成为一个天才

1929 年，在他最富创造力的几年后，爱因斯坦在柏林的一次访谈中谈到了科学成就的问题。他说："想象力比知识更重要。"尽管他表面上这样说，但事实上爱因斯坦自身的知识基础非常扎实。他所受的德国式教育和他出色的父母使他在数学和物理方面都具有非常好的基础，这为他的想象力创造了条件。从一些信息开始，懂得提问，再依靠一些想象力，这样就能走上创新之路了。

爱因斯坦还有一个性格上的优点，那就是勇敢和不畏权威。这使他敢于挑战那些已被广泛接受的观点。他意识到在任何一个领域里，自由是多么重要。在科学上尤其如此。

现在要验证这个假设的话，我们可以让一艘飞船中的时钟经过一排地面上的时钟，而这一排时钟都是在地面参考系中被精确同步过的。这样我们就可以通过比较飞离时和返回后运动的钟和静止的钟上的时间，看看飞船上的钟是否比地面上的钟走时慢了，从而判断返回的你是否会年轻些。

但显然，实际的实验要比这困难得多。为此，科学家已经想出了一个较为简易的办法。他们将微观粒子加速到接近光速，然后再观察发生了什么。而观测的结果将证实狭义相对论。事实上，通过观察衰变粒子的半衰期，人们发现：在通常的参考系（粒子以极高速度运动的参考系）中测得的半衰期比在高速粒子本身的参考系（实验室里粒子保持静止的参考系）中测得的半衰期要长。此外，在空间中高速运动的原子钟走时的变化也一再证实了狭义相对论的假设。对科学家而言，他们现在有信心说狭义相对论所得出的结论是真实的。

别把爱因斯坦想象成坐在象牙塔（Ivory tower）里的哲学家，倒是可以联想到钟楼（clock tower）。他在专利局当职员时，就在想，火车和电报的出现要求不同地方的时钟需要精确校正，有什么办法可以让它们对时呢？利用职务之便，他查阅了钟表和其他东西中与此相关的专利。

原子内部微观粒子的衰变就遵循相对论——高速运动粒子的衰变时间确实会变慢。2007 年，位于瑞士的欧洲核子研究中心（CERN）的物理学家有了一种观测微观粒子的新工具——大型离子对撞机（ALICE）。图中所画的是该设备横截面上离子运动的模拟图。离子被加速后在中心相互撞击，并产生新的、会衰变成其他粒子的粒子。

这是吉姆·格雷（Jim Gray）戴着许多表的趣味照片，他操纵美国国家标准局（NIST）中NBS-4型原子钟。历史上，人们曾把地球自转时间的十几万分之一规定为一秒。但是在1955年，当人们意识到地球的自转其实在渐渐变慢时，就把一秒重新用铯-133原子光谱中的某个特定频率来定义了。

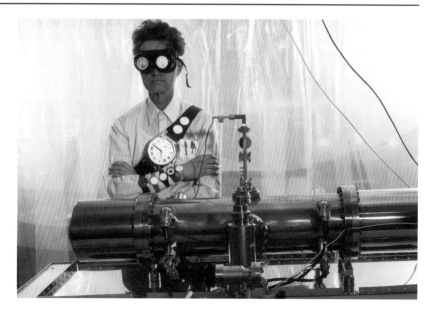

我们是不是该把牛顿定律都否定掉呢？不，其实牛顿定律在日常的科学技术中仍然是正确的。

时间变慢和长度收缩是科学术语，都是针对你看到你那高速运动的孪生兄弟而言的。他的钟变慢了，他的长度收缩（或变短）了。

那么为什么我们没有早些注意到相对论提出的这些现象呢？

事实上，牛顿的物理定律——无论是关于引力还是关于运动——在我们看到的大多数现象中还是正确的。即使在高速飞行的飞机上，我们也完全不必担心诸如时间变慢或者长度收缩的效应，至少在现在的飞行速度下不用担心。只是在非常微小的所谓"量子世界"里、非常非常巨大或快速世界的尺度上，牛顿力学才暴露出它的缺陷。那时就必须考虑到相对论了。

按照爱因斯坦的观点，观测到的时间取决于运动粒子或者双胞胎所在的飞船相对于观测者所在的参考系的速度。当然这是一个有点难以理解的概念，甚至与人的直观感受相左。如果一开始没有弄懂的话，你也许要多琢磨一下，那时就请你重读一下这一章，毕竟相对论描述的是我们所居住的宇宙，理解其奥妙将是其乐无穷的。

相对论中的引力

广义相对论，这个许多物理学家都看作物理学界乃至整个科学界最美的理论，取代了牛顿的万有引力学说。它澄清了行星轨道运动中一些过去认为反常的行为……得出有意义的预测……并成为包括宇宙膨胀理论在内的所有现代宇宙学的基础。在目前，广义相对论仍是科学家研究的中心。

——杰里米·伯恩斯坦，美国物理学家，《爱因斯坦》

你所认为的重力，也就是地球表面竖直向下拖拽或使落体做加速运动的力，并不是真实的，因为在某些参考系中（比如自由落体的参考系中），它会消失。但这并不意味着重力不存在，而是说，真实的重力应该在任何参考系中都存在，不因参考系的变化而消失。

——理查德·沃尔夫森，美国物理学家，《纯粹的爱因斯坦：相对论解密》

"**重**力"（gravity）是一个了不起的词。它从拉丁文 gravis 而来，意思是"重"。作为重力的推广，牛顿的万有引力定律直到 20 世纪初仍被整个科学界奉为神明。

人人都知道牛顿在苹果树下发现重力的故事，也都知道在地球上感受到的重力和使月球绕着地球转动的重力（即万有引力）。在爱因斯坦所处的年代，这些都无人质疑。

除了爱因斯坦，他似乎并不在乎别人怎么看待牛顿的理论，他只关心找出科学真理，无论它们在哪儿。尤其使爱因斯坦困惑的是，牛顿的万有引力学说并不完全符合狭义相对论。牛顿认为，**万有引力的作用是不需要任何时间的**，它传播得比光速还要快。但问题是，爱因斯坦的狭义相对论认为没有什么东西可以跑

一名教师正用一种疼痛的方式验证引力的存在。这幅漫画的标题叫作"牛顿定律的真实性"。

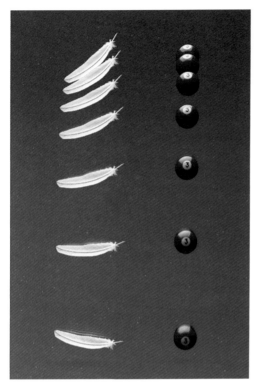

轻的羽毛和重的球会同时落地吗？有空气作怪的话就不行，但是在真空中或是月球（上面没有空气）上，答案完全是肯定的。

亚里士多德生活在公元前4世纪的古希腊。伽利略（1564—1642）生活在文艺复兴时期的意大利。尽管现在我们并不能肯定他是否登上过比萨斜塔，这个实验也许只是一个假想的实验，但伽利略的确在其他地方做过自由落体的实验。

得比光快。如果牛顿是正确的话，麦克斯韦的电磁理论和狭义相对论都将出现严重的问题。而爱因斯坦对电磁理论和狭义相对论的正确性确信无疑。

其实，很多人没有意识到连牛顿自己也对万有引力理论有点困惑。他无法解释引力的所谓超距作用，比如说，为什么即使地球和月亮之间是真空，引力也可以传播过去。在一封信中，他甚至说引力的这种性质"十分荒唐"。他虽然得出了引力的公式，却并不能想象引力究竟如何发生。他说，把这个问题留给后人去解决吧。

此外，还有另一样关于引力的东西，无论牛顿或伽利略都没法理解，而爱因斯坦却认为这是理解引力本质的关键。这是一个关于加速度的问题。

在伽利略那个年代，他通过实验，发现所有东西，无论轻重，都以相同的快慢下落。而亚里士多德（Aristotle）则确信重的东西应该落得快些。问题是，为什么重力没能让铅块下落得比网球快呢？

伽利略说"我不强作假设"，即他无法，也不打算作出回答。牛顿用拉丁文重复了他的话。这成了科学史上出名但却令人抓狂的名句。如果伽利略和牛顿都不能解释为什么在引力场中所有物体都以相同的快慢下落，那么谁还能呢？

现在，轮到爱因斯坦尝试解答这个问题了。从伽利略对落体的观察出发，他对重力的新解释将会摆脱这种超距作用的困扰。与此同时，他的解释将拓展相对论的内容。

爱因斯坦意识到，狭义相对论只能在引力弱到可以忽略的情况下才成立。而当他想用相对论来描述宇宙中的力时，引力就给他带来了大麻烦。

要理解重力并拓展相对论，爱因斯坦相信**重力加速度**是一个关键。从苏黎世到布拉格，这位前专利局职员花了几年时间来思考这个问题。当爱因斯坦再回到苏黎世的时候，他就开始着手攻克这一难题。

1907 年，爱因斯坦在苦苦思索引力场中的加速度。一天，他得到了他称之为"我一生中最快乐的感悟"。那天，他和一个从屋顶摔到地上一堆垃圾中却没有受伤的人聊了几句话。那个人说，他摔下来时没有感受到地球在用力向下拉他，他感到似乎是在一种失重的状态下落下来的。

如果你（或者是一只猫）从高处落下，那么你就感觉不到重力的拖拽了。那种感觉叫作失重，但你意识到自己在加速掉向地面。这只猫最后是落在一个垫子上的，但如果最终掉在一个坚硬的东西上的话，那就麻烦了——无论是对人还是猫。

爱因斯坦将此归结为："对一个从屋顶上掉下来的观测者来说，在他的周围引力场至少在短暂瞬间并不存在。"用通俗的话说，当一个人自由下落时，他是感觉不到自己的体重的。（今天在空间站中对失重的感受已很熟悉。）

多年后，《纽约时报》的记者怀疑过这个故事的真实性，但今天无人知晓。不过无论如何，爱因斯坦已经意识到引力可以因为加速运动而消失。

爱因斯坦曾用"不规则运动"来描述下落的过程。其实他的意思就是加速运动。

那么，该如何来描述那种加速运动呢？1913 年夏天，在一次假期远足中，爱因斯坦想出了一个办法。他一家和居里夫妇一家到了意大利阿尔卑斯山山坡上的科莫湖南边。孩子们知道爱因斯坦不在意周围的美景，脑子在别处打转呢。居里夫人传记的作者写道："当时，一旁的年轻人都大笑起来。因为爱因斯坦突然拉住居里夫人的胳膊，愣愣地看着她说：'你知道，我想知道的是，当一架升降电梯自由坠落的时候，里面的乘客究竟感觉到了什么？'"

那架电梯就成了爱因斯坦进行他最著名的想象实验的道具。如果加速度和引力之间有联系，那么自由下落的电梯可以帮助他找到这种联系。爱因斯坦想象，如果一个人在静止的升降电梯中，从口袋里掏出钥匙和硬币放掉的话，钥匙会落到脚边（或厢底），这就是他观测到的重力。

如果割断缆绳，让电梯轿厢自由下坠，那他掏出的钥匙、硬币还会落到厢底吗？不，这些东西只会自由地悬浮在他的周围。它们都似乎失重了，他自己也感觉不到重力了。事实上，电梯外面的观察者会看到他，连同他的这些物品都在以相同的速度下落，也就是自由下落。

但是，电梯里的那个人却感觉不到自己在下落，他感到自己悬浮着。爱因斯坦意识到，当人加速下落时，电梯也在加速下落，两者之间没有相对加速度。所以，对于自由下落的电梯中的物体来说，重力不复存在——没有任何实验可以探测到重力的存在。

究竟是不是像传言中的那样，他从一个屋顶上坠落的油漆匠那里领悟到了问题的关键呢？爱因斯坦曾说过，1908年的顿悟是"一生中最愉快的感悟"。因为他意识到，引力其实并不存在，存在的只有自由落体。这一想法最终让爱因斯坦理解了，引力本质上是空间的弯曲。他在1915年关于引力的这一概念中用一句简单的话总结道："空间告诉其中的物质如何运动，而物质告诉空间如何弯曲。"

——约翰·惠勒对爱因斯坦的评述文章

爱因斯坦曾想象，一个人拿着钥匙在电梯里。现在我们可以想象，电梯里有猫和球。猫爪搭在电梯轿厢的地板上，剪断电梯缆绳时，猫、球和电梯都开始自由下落了。

爱因斯坦脑海中的这个实验，与伽利略在比萨斜塔上的自由落体实验有着异曲同工之妙。伽利略释放的任何物体都同时落地，爱因斯坦想象实验中的乘客、钥匙及电梯也是一样。正如伽利略发现的，所有的落体在引力场中以相同的加速度下落到地面。在爱因斯坦的实验中，乘客感觉处于失重状态，他和电梯一起自由下落，如果没有地面，他们将一直下落。

他接着继续考虑，如果在电梯轿厢下面安装喷气火箭让它突然向上加速飞行的话，里面的人又有什么感觉呢？他和钥匙、硬币显然会马上碰到地板上。请注意，如果升降电梯上没有安装窗户的话，他是不可能知道这究竟是向上的加速度还是引力让他突然停止了自由下落。同理，如果将火箭置于电梯轿厢上面，让它向下推进使电梯轿厢下落得更快，他的头会碰到厢顶。

这回猫先生是在火箭向上推进的轿厢中做星际旅行。启动火箭，轿厢就会加速。上图中，加速度或引力使它紧贴在垫子上。下图中，加速度或引力就让它碰上厢顶了。

爱因斯坦想，如果把电梯放到远离所有星球的宇宙空间，给电梯加速的效果会不会和引力的作用效果一样呢？他认为电梯中的乘客会连同电梯轿厢一起悬浮。但是如果火箭点火，推动电梯轿厢向上加速，人和钥匙就会碰到地板上。在电梯轿厢里，加速运动的效果总是与引力的效果完全相同。

你可以很容易在轿车里感觉到加速度。车加速时，你身体就会被压向座椅，而减速时，会向前倾。

爱因斯坦意识到，首先，电梯里的人和电梯外地面上的人会得到不同的观测结果。物理学家称，他们处在不同的参考系中。电梯的运动只是在一小部分空间（和时间）中发生，所以就叫作局部参考系。狭义相对论并不是在所有局部参考系中都成立，而只是在一部分局部参考系中成立。这种狭义相对论在其中成立的参考系叫作"局部惯性系"。

对这些问题的深入思考把爱因斯坦带向了一个关于引力的新理论。他把这种理论叫作广义相对论（general relativity）。这个理论基于一些完全颠覆人们看待宇宙方式的观点。这些观点包括：

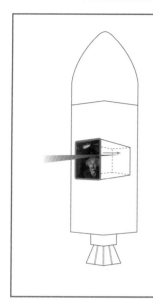

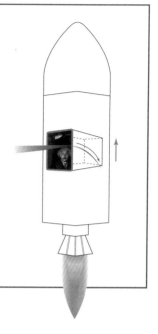

速成学习

关于加速度，爱因斯坦提出了另一个想象实验。他设想，自己处在悬浮于太空中的飞船里，飞船有一扇窗（见左图），一束光通过窗射入，沿直线射到对面的墙上。

随后，他启动火箭，飞船做加速运动（见右图）。此时，这束光将射在对面墙上稍稍低于窗的地方。（如果通过窗抛进一只球，将发生同样的情况。）

爱因斯坦于是得出结论：加速度的效果与引力的效果完全相同。因此，无论存在重力还是加速度，光线都会弯曲。

爱因斯坦有一个十分令人惊奇的地方，就是他的想法（理论）几乎都来自他纯思维的过程。这是一个基于大量阅读、思考、数字运算的过程，而并不依靠实验。（别人用实验来验证他的理论。）当他有一个想法时，先在脑中解决这个问题，然后再用数学语言把它写下来。一次有人问他，他的实验室在哪里，他把自己的钢笔拿了出来。事实上，他的实验室就在自己的脑袋里。

• 第一，在一个你可以完全悬浮的空间（即失重）中，你不可能分辨你是在地球附近，还是银河之间或任何什么地方。（想想作为局部惯性系的电梯轿厢。）

• 第二，局部惯性系无处不在。在任何地方，要获得一个这样的参考系，只要将一个小空间自由释放就可以了，引力场中自由下坠的电梯、绕地飞行的人造卫星都是这个例子。这个结论告诉我们，狭义相对论在宇宙中任何"局部的"地方都可以用，即使在引力场中，至少在自由下落的数秒中就可以用。即只要找一个自由释放的空间作为局部惯性系就可以。

• 第三，我们可以把宇宙想象成由无数个很小的局部惯性系组成，它们一个连着一个，组成了整个空间。而在其中的每一个局部，狭义相对论都适用。这样，爱因斯坦推广后的广义相对论就允许我们把局部惯性系像一块一块补丁一样，缝成宇宙这条大被子了。当然，别忘了不仅有空间上的，还有时间上的缝合。这就是说，当一个时钟从一个局部惯性系移到旁边的另一个局部惯性系时，时间会有稍许改变，即需要重新调整时间了。

• 第四，这是最关键的一个观点，它对牛顿的引力理论给出了更好的新解释。一个自由粒子在每一个局部惯性参考系中，都沿直线做匀速直线运动。注意！当这个粒子从一个局部惯性系进入旁边的另一个局部惯性系时，它也将做匀速直线运动，只不过在新的参考系中它有了略微不同的运动方向。由此可以看出，正是无数局部惯性参考系的整合，将狭义相对论转变成了广义相对论。

这也就是说，牛顿的引力只是一种近似。爱因斯坦的更确切的解释是，一个自由的粒子其实一直在做匀速直线运动，只是它从一个局部惯性系到了另一个局部惯性系，才使它看来像受到了力一样。

事实上，爱因斯坦否定了牛顿的重力。他颠覆了传统的科学观。如果加速运动和受到重力是一回事，那么重力的作用就不能在一个距离上瞬间完成。在这一点上，牛顿显然搞错了。

如果可以将整个宇宙放进一个自由浮动的惯性参考系中，那么狭义相对论就足以描述整个宇宙了，广义相对论也没有存在的必要了。但事实上，我们需要广义相对论，因为惯性参考系只在一个非常小的时空范围内才成立，它们是局部的。

——埃德温·泰勒和约翰·阿奇博尔德·惠勒，《探寻黑洞：广义相对论简介》

爱因斯坦后来花了 10 年时间研究新的引力理论——广义相对论。他明白仅有一组假设是不够的，他还必须用数学把它们写成一个完整的理论体系。他以前讨论组的朋友马塞尔·格罗斯曼（Marcel Grossmann），当时是苏黎世联邦理工学院的数学教授。爱因斯坦是该知名学府的物理学教授。他们是同学时，格罗斯曼曾给爱因斯坦整套的课堂笔记，现在他又帮助爱因斯坦弄懂了他所需要的几何知识——非欧几何。爱因斯坦曾请求他说："格罗

许多科学家仍在沿用牛顿的方程来解释引力的问题，这是因为在地球附近的小范围内，这些方程都还是适用的。当然，他们完全知道，在更大尺度的范围内和很高的速度下，牛顿的理论就会给出错误的结果了。

马塞尔·格罗斯曼在苏黎世联邦理工学院读书时学习十分努力，而爱因斯坦曾经逃过课。后来，爱因斯坦曾坦承，他非常后悔当时没有认真听课，尤其是闵可夫斯基的课。

斯曼，你一定得帮我，否则我会发疯的。"在给物理学家阿诺尔德·索墨菲（Arnold Sommerfeld）的一封信中，爱因斯坦说："我对数学有着崇高的敬意……和这个难题相比，原来的相对论理论简直太小儿科啦！"

做一个怀疑者，用自己的头脑思考

现在坐下来看电视吧，里面宇航员萨曼莎（Samantha）正悬浮在宇宙飞船里。旁白解释道："他们脱离了地球的引力……"这时你就可以知道，这名解说员完全弄错了。

曾一度充满幻想色彩的时空旅行（上图）的时代，已经悄悄到来了。

假定这艘飞船是在地球和月球之间，那么它就完全在地球的引力范围以内，因为毕竟连更远的月球都没能逃脱地球的吸引。你完全可以通过地球球心到飞船的距离来计算飞船所受的引力。地心在地表以下 6 400 千米处，而飞船离开地面的高度约 325 千米，显然，它离开地心的距离比你大不了多少，引力也不会小到哪里去的。

那么飘浮的真正原因是什么呢？萨曼莎和她的同伴虽然看起来是悬浮的，实际上却相当于在一个自由下落的盒子里。她们感觉不到自己在下落，是因为她们周围包括飞船在内的一切都在一起下落。如果飞船的推进火箭开始工作，并使飞船开始

月球也可以看作一个自由落体，它的下落过程就是绕着地球、沿着弯曲的轨道下落。（下一章我们将仔细讲解弯曲空间的问题。）一个物体如果要离开环绕地球的某一轨道，它就必须超过该轨道的速度。上图描绘的是美国宇航局设计的、将来可能将四名宇航员送上月球的飞船。

向前加速的话，那么里面的宇航员就会感到自己受到一个向后的、相当于重力的东西了。可见，加速产生的效果和引力产生的效果是无法区分的，引力和加速是完全等效的。

就在爱因斯坦钻研广义相对论的这段时间里，德国的艺术家、哲学家、科学家和政治家正努力把德意志帝国变成世界上最先进的国家。继爱因斯坦1905年的论文引起世界物理学界，尤其是德国物理学界的震动后，他已被认为是最前沿的物理学家了。

这时，有两个人在1913年带着德意志至高无上的观点，登上了从柏林前往苏黎世的火车。量子理论的发现者普朗克和著名的物理化学家瓦尔特·能斯脱（Walther Nernst）前去邀请爱因斯坦加入他们所在的柏林大学。他们对爱因斯坦的桀骜不驯了如指掌，也知道他已经放弃了自己的德国国籍。但是他们仍然准备开出超出爱因斯坦想象的优厚条件，他可以获得无需授课的正教授职位，拥有最高的薪金，而且还将被推举为普鲁士科学院最年轻的院士。

即便如此，爱因斯坦仍要好好考虑一番，他年轻时在德国的经历使他对那里拘谨的作风顾虑重重。他觉得这两个人把他当作了"一只会下金蛋的母鸡或是一枚稀有的邮票"。而在1913年他还不能预见到的是，这个自视为世界科学文化中心的国家很快就会把自己的前途交到随心所欲和鼠目寸光的领导人手中。他们三个（普朗克、能斯脱和爱因斯坦）忠厚善良的人中，没有一个会料到即将发生什么。

几乎每个人都对广义相对论欢呼，却没人去严格检验它的正确性。普林斯顿大学的物理学家罗伯特·迪克（Robert H. Dicke）对此很是困惑。于是迪克着手验证它。一系列实验中的一项，就是让"阿波罗"计划的宇航员在月球上放置三面镜子，然后他从地球上向月球上的镜子发射激光。通过测量从射出激光到反射回地球所用的时间，就可以准确算出地球和月球之间的距离（距离＝速度×时间）。实验中测量出的时间同时也验证了广义相对论。迪克尝试了一系列实验，试图找到广义相对论的瑕疵，然而所有的实验都验证了该理论。后面我们还会介绍迪克。

广义垃圾论

并不是人人都推崇广义相对论的。英格兰数学家和电子工程师奥利弗·亥维赛（Oliver Heaviside，1850—1925）把广义相对论称作愚蠢的理论。

美国哥伦比亚大学的天文学家查尔斯·莱恩·普尔（Charles Lane Poor，1866—1951）称爱因斯坦是一个引起世界大战的世界范围的精神错乱受害者。普尔还专门写了一篇论文，质疑1919年日食观测结果并没有证明广义相对论的正确性。

芝加哥大学的天文学教授托马斯·杰斐逊·杰克逊·西伊（Thomas Jefferson Jackson See，1866—1962）则把爱因斯坦称作一个"混淆视听者"。他说："爱因斯坦的理论是一个大错误，说以太不存在，以及引力不是力而是空间的一种属性，这些只能说是疯狂的妄想，令我们所处的时代蒙羞。"

全球定位系统 GPS

你可能会问，广义相对论究竟和我有什么关系呢？ GPS 就是一个例子。从 1978 年第一颗为导航而设计的军用卫星发射升空开始，这一系统使飞机、远足者和你我都免于迷路之苦。即使有人真的迷路，救援人员也会马上用 GPS 来知道你的确切位置并加以营救。

GPS 由 24 颗在地面上方约 19 300 千米处运行的卫星构成。每颗卫星大约有 1 吨重、5 米长，它们飞行的速度高达 11 250 千米 / 时，每 12 小时就绕地球一圈。定位卫星的核心是它所搭载的高精度原子钟（连同备用的原子钟），它们使卫星发出独一无二的二进制时间代码（由一串 0 和 1 组成），记录着每颗卫星所在的时空信息。地面上的接收器一旦收到这些信号，就可以和自身的代码信息进行对比，从而得到自己所在时空的精确位置。

当第一颗全球定位卫星被送上太空时（上图只是艺术家凭想象而画的图），一些军方人士认为根本没必要去考虑什么广义相对论。他们相信各处的时钟都维持着相同的快慢。他们对广义相对论的摒弃，最终导致卫星的测量结果出现了偏差。

那么，广义相对论又在其中扮演着什么角色呢？要知道，不同高度的卫星以不同的相对速度运行。根据广义相对论，里面原子钟的运转快慢也相应地有所不同。这样，用广义相对论编程的 GPS 接收器，就可以准确测量出信号从一颗卫星发出到被接收所经过的时间了，再用这个时间去乘以光的速度就得到了距离。而后者就可以被用来计算出接收器在四维时空中的位置，即经度、纬度、高度和时间了。这样你就准确地在四维时空交汇点上被定位了。所以让我们感谢爱因斯坦吧！

爱因斯坦静静地听着。他那修剪整齐的胡须、黑色的卷发、过人的机智，显现出自信与轻松。他告诉来客他需要考虑一个晚上。普朗克和能斯脱计划第二天乘火车在苏黎世观光。他们约定：如果他们回来见面时，爱因斯坦的衣领上别着一朵白花，就表示他将留在苏黎世，而如果是红花则表示他选择了柏林。

当火车进站后，在站台上，普朗克和能斯脱看到了别着红花前来迎接他们的年轻人。

时空弯曲

我们用相对论来探索自然界的极限。狭义相对论用来描述那些极快速度的运动。广义相对论用来描述那些巨大天体：恒星、星系、黑洞附近的物质和运动。广义相对论也描述了整个宇宙。

——埃德温·泰勒和约翰·阿奇博尔德·惠勒，《探寻黑洞：广义相对论简介》

如果我们愿意，也可以用爱因斯坦而不是牛顿的定律来描述每天的日常现象。对所有的物理现象，它们将给出几乎完全相同的结果，因为在日常生活中一般事物的速度实在比光速慢太多了。只有在接近光速时两种定律才会给出不同的结果，也只有那时人们才会放弃牛顿而采用爱因斯坦的理论。

——基普·索恩，美国物理学家，《黑洞和时间弯曲：爱因斯坦的遗产》

我们存在于一个由地球的质量所造成的局部弯曲的时空中。早晨我们站在床边所感受到的向下的拖拽，就是我们每天在时空中向下方滑去的感受。这是一个向地球球心倾斜的时空斜坡。

——托马斯·利文森（Thomas Levenson），美国科学作家和纪录片制片人，《爱因斯坦在柏林》

到 1915 年，爱因斯坦把整个时空分成了一个个小块，在每一个小块中，包括光子在内的一切物体都做匀速直线运动，也就是说它们都具有惯性，狭义相对论起作用。而在这些小块时空之间的衔接部分，物体运动的速度和方向都可能发生改变。由于可以将时空分得非常小，所以速度看起来几乎是连续变化的，物体的运动从而形成了一条连续的曲线。

那么，引力在其中扮演着什么样的角色呢？引力是自然对曲率的响应。

想象一下，如果把一个橡皮膜在水平方向上拉紧，像个绷床一样，然后在橡皮膜的中间放一个像保龄球那样的重物，橡皮膜会怎么样呢？它会向下凹陷或弯曲，产生凹痕，而且越靠近保龄球的橡皮膜，凹陷或弯曲得越厉害。

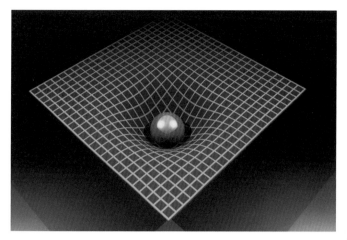

物体的质量越大，它在四维时空中产生的引力阱凹陷就越深（如图中二维网格线所示）。

现在把橡皮膜想象成充满整个空间的薄膜织物，而保龄球就是空间中所有的物体，可以是恒星或行星，也可以是一块石头、一个粒子、一艘飞船或是你自己的身体——所有这些物体在空间中运动时，都会使薄膜织物像橡皮膜那样发生弯曲、拉伸。而且，质量越大（例如巨大的恒星），产生的弯曲就越明显，橡皮膜上面的凹陷就越深。爱因斯坦还证明了时间也会像空间一样发生弯曲，于是整个四维时空就如同薄膜织物网一般可以弯曲。

想象一下，如果在这张网上放一个非常重的东西，会发生什么情况呢？它将把时空网极度拉伸，从而形成一个极深的洞——黑洞。（很快你就会看到黑洞的详细介绍。）

请注意，时空其实并不是二维的橡皮膜，也不是三维的肥皂膜，它是四维的：长、宽、高，外加时间。因此，你要以橡皮膜作类比，去描绘这样一个时空图像，就需要点想象力

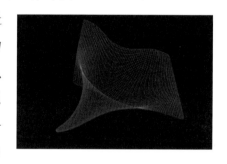

了。橡皮膜图无法给出包含时间的四维时空。然而科学的思考是充满创造性的，现在我们知道，我们生活在一个至少有四个维度的宇宙中。

记住，根据狭义相对论，我们所熟悉的三个维度并不是绝对的，它取决于被测物和进行测量的人所处的参考系。所以，测量的结果就可能会不一样。

再重复一下：是质量使时空发生了弯曲，任何进入这弯曲时空的物体都会被拉进去。显然，在橡皮膜上保龄球能够比一粒小钢珠产生更大的凹陷和弯曲，也就是说保龄球能够产生更大的吸引力。那么，月球和地球呢？它们应该能够产生更巨大的凹陷和弯曲。

如果在橡皮膜上的保龄球附近滚进一颗玻璃弹丸，它会怎么运动呢？显然，它将滚向保龄球产生的凹陷。同样，一颗小行星如果进入月球附近弯曲的时空中的话，它就会被月球吸引。

所以说，**引力并不是什么神秘的力，它只是运动的物体在弯曲的空间中（橡皮膜上的那些凹陷）沿着最短的路径（一段段短直线）运动的结果**。每一个物体在每一个局部惯性系中都走着直线，只在相邻局部惯性系的边界上产生细微的转向。当然，物体自己是感觉不到这种转向的，因为时空是一个无处不在的连续体，它由无数个、分割得极小的局部惯性系组成。这整块时空的许多部分都是平坦的（于是物体做匀速直线运动而并不转向），但在那些有质量（因而产生引力）的地方，时空就会弯曲。

爱因斯坦确信，就像其他物理规律一样，引力规律应当对宇宙中的一切事物都适用。所以，当他问自己：光是否会受到引力时，回答只能是肯定的。考虑到质量和能量之间的等价性（$E = mc^2$），包括光在内的所有电磁波都应该像其他的物体一样，会对弯曲的时空做出某种反应。即：**任何形式的质量或能量，包括光，当通过弯曲的时空时路径必会偏折**。

其实，早在 18 世纪，牛顿就猜测重力可能会影响光的传播，但是他没有想出其中的缘由，而是将这个问题留给了后世。请仔细读懂牛顿当时提出的问题："物体难道就不会在一定的距离上对光有作用，从而使光线发生偏折吗？"牛顿其实是一个非常了不起的科学家，他懂如何提出问题，也懂在那个时候他无法回答所有的一切。

而现在爱因斯坦回答了牛顿的问题：时空中的重物所引起的时空弯曲就可以使光发生偏折，就像其他所有穿越这块时空的东西一样。

现在，科学家们所讨论的"维度"已经超出了爱因斯坦所考虑的四维。有人认为，自然界其实有十几个维度，一些在三维空间或者四维时空中说不清、道不明的问题，用更多的维度去解释就清楚了。

我们中的大多数通常还把引力说成是一种"力"，这符合我们的直观感受。但是，正如现在你已经知道的，它其实是时空的弯曲。

苏黎世联邦理工学院（爱因斯坦的母校）的物理学家们仍在致力于用数学语言描述自然界运行的确切方式。他们既用理论的手段，也采取实验的方式。上图所示的就是一个研究引力场的实验装置。

时空的弯曲

我们在自由下落的过程中就感觉不到重力了，这就是跳伞者在降落伞打开之前的感受，但这种感觉可不是经常有的。地球的表面、房间的地板或船的甲板等障碍物阻止了下落。重力正是用我们对这些障碍物的反作用力来度量的。如果没有这些障碍，我们就会自由地悬浮于空中，沿着引力的斜坡（弯曲的时空），朝向地球中心一直下落。

爱因斯坦说，整个宇宙的时空被各种大质量的天体（例如地球）弄得到处都是这种凹陷。星球上的物体都会滑进各自的引力阱。这就给了我们重力的感受。

为什么宇宙中不同地方的引力是不同的呢？局部地区的引力实际上反映了

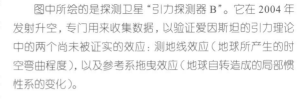

图中所绘的是探测卫星"引力探测器 B"。它在 2004 年发射升空，专门用来收集数据，以验证爱因斯坦的引力理论中的两个尚未被证实的效应：测地线效应（地球所产生的时空弯曲程度），以及参考系拖曳效应（地球自转造成的局部惯性系的变化）。

引力场凹陷的倾斜程度。在重力比地球小得多的月球上，引力所产生的凹陷也要小，所以滑向这一凹陷的时空坡度比地球平缓不少。所以，天体的质量越大，引力凹陷的坡度就越陡峭，产生的时空弯曲就越剧烈了。

牛顿认为空间是平坦的。所以当爱因斯坦想到时空可能是弯曲的时候，他对整个宇宙的认识将发生极大变化。一个重要的问题是：根据惯性，粒子和光应该走一条直线，那么在一个弯曲的时空中它们怎么走直线呢？

在每个时空小块中，我们都可以把它们看作惯性参考系，即局部惯性系。一个物体或一束光在这样一个局部惯性系中是尽可能走直线的。而从这一小块局部惯性系到下一小块局部惯性系时，它们的运动方向会有一点点的改变，当然这种方向的小变化它们自己是感觉不到的。随着这一块一块的时空越来越小，那么这个时空就成为一个连续体。

我们大家对这样一种弯曲的空间没有什么切身体会，这是因为地球表面的局部时空基本上是较平坦的。所以，地球上相邻两点之间的最短距离通常就是欧几里得几何所给出的直线距离。但是如果考虑的是很远的两个地方，最短的距离就应该是曲线了，比如说飞行员要从地球南极循着最短的路径飞到北极。

爱因斯坦的方程回答了牛顿关于光的弯曲等问题。在相对论的理论中，时间和空间交织在一起。所以，不仅光，连时间都会在引力场中发生弯曲。再重复一遍：引力也会使时间发生弯曲。在 20 世纪之前，还没有人有过这一想法。

爱因斯坦的方程组证实了他的理论，它们证明了光在弯曲空间确实发生了偏折。但是，数学真的能够预测现实世界中的现象吗？爱因斯坦确信：可以。他相信，**星光从**

这是 1991 年 7 月日食发生时的照片。图中还叠上了月球的照片,以便给出日食发生时月球的确切位置。

大质量天体边上通过时,它会(对引力)作出反应,发生偏折。 为此他研究了一颗遥远的恒星,并算出了它发出的星光在擦过太阳表面时确切的偏折角度。而且他意识到,这一角度能够大到足以被观测到,但这种观测只能在发生日全食的短暂瞬间才有可能。

平时耀眼的阳光将使它周围的星光无法被观测到。但当日全食发生时,月球会全部遮挡住太阳,太阳周围平常看不见的星光就会显现出来。

不久就有一次日全食会发生。在 1914 年 8 月 21 日的两分钟内,日全食在俄罗斯的西伯利亚将清晰可见,这是检验爱因斯坦理论的合适时机和地点。但是,众所周知,牛顿的万有引力是整个科学界久经考验的、毋庸置疑的理论。普朗克对爱因斯坦企图推翻牛顿的引力理论提出了严肃的警告:"首先,你的尝试不会成功。而且,即使成功了,也没有人会相信。"但即使是他非常尊敬的普朗克,也无法阻止爱因斯坦试图证明自己理论的强烈愿望。而普朗克确实还加了一句:"如果你真的成功了,你将被称为下一个哥白尼。"

爱因斯坦十分自信,并且说服了德国物理研究机构的部分人员,他的广义相对论完全值得做一次这样的检验。随后,在一个富有的实业家的资助下,这次西伯利亚的远行开始了。德国天文学家埃尔温·弗罗因德利希(Erwin Freundlich)和他的两个助手对这项日全食的观测作好了计划。爱因斯坦在给朋友的信中说:

"其实我现在已经心满意足了，无论这次日全食的观测能否成功，我对我的整个理论体系的正确性都不会有丝毫怀疑。"

1914 年 6 月 28 日，奥匈帝国弗朗茨·费迪南德（Franz Ferdinand）大公夫妇在访问萨拉热窝时，被一个塞尔维亚人枪杀了。随后，奥匈帝国向塞尔维亚宣战，而沙皇俄国支持塞尔维亚。德国虽然没有对此事表态，但局势突然紧张了起来。

7 月 19 日，三位德国科学家已经在俄国势力范围内的基辅附近建起了营地，为拍摄这次日全食作准备。但是由于对他们拍摄动机的怀疑，俄国人没收了他们的照相机，并拘留了这三名当事人。

8 月 1 日，德国向俄国宣战，这三人再也没有机会去西伯利亚了——不过也没关系，日全食发生的时候西伯利亚上空正乌云密布。

对爱因斯坦而言，这是一个幸运的意外，因为这时他突然发现关于星光偏折的计算是错的。而且这是一个令人尴尬的错误，因为爱因斯坦忘了把时间和空间的弯曲都考虑在内。经过重新计算，爱因斯坦得出了另一个结果。

就在到达柏林几个星期后，爱因斯坦和米列娃的婚姻走到了终点。爱因斯坦断然拒绝继续和米列娃在一起。当时所有人都预期爱因斯坦将获得诺贝尔奖，爱因斯坦在得奖之前就同意将奖金给米列娃。后来他兑现了自己的承诺。

更宽广的物理学视野

狭义相对论在地球表面附近和实验的结果很吻合，即使当粒子物理学家们在做高速运动的质子流实验时，狭义相对论也很对。

但是确实存在一些前沿实验，使得爱因斯坦不得不仔细考虑狭义相对论使用的范围了。比如说遥远星星射来的光线在经过太阳附近时会发生弯曲，或者在引力场中上升的光子的能量（或者频率）会发生变化等。引力不能解释这些问题。

所以爱因斯坦就面临如何改造狭义相对论，以处理引力的问题了。我们知道狭义相对论只有在惯性参考系中才是成立的。比如在自由下落的电梯中，狭义相对论就是完全正确的。但如果考虑的是横跨整个太阳系或者银河系事件，狭义相对论就不行了，你需要广义相对论，它提供了可以把各个局部惯性参考系连成整个大空间的数学工具。

利用广义相对论，科学家们的视野就得以大大拓宽，包括长距离星际旅行、全球定位、恒星生命周期，乃至整个宇宙在内的问题现在都纳入了进来。科学开始有了更大的舞台。

这时爱因斯坦正定居在柏林。他与妻子米列娃的婚姻出现了问题，他和表妹埃尔莎（Elsa），一个快乐、慈母般的女人相爱了。在给朋友的一封信中，他说："除了一些服装方面的繁文缛节外，这儿的生活比我想象中的要好。"而且"普鲁士科学院在我生命最美好的时光中，给予了令人艳羡的生活和工作条件"。

但是，即使在这样一个学术长廊里，爱因斯坦仍然不能逃避战争。一开始，人们都还以为战斗会在几个星期里结束。后来，形势急转直下，形成了惨烈的战争。在 1914 年 10 月，包括普朗克在内的 93 名德国顶尖的艺术家、作家、学者和科学家联名支持国家开战。他们认为是英、法这些俄国的盟友，而不是德国，应该对敌对行为负责。

这幅题为《与怪兽同归于尽》（1914 年 9 月）的漫画号召法国人民团结起来，在第一次世界大战中抵抗德国的入侵。

爱因斯坦有些恐惧。他和一个朋友签名反战，但只有另外两个人愿意签名。从各种迹象来看，这开始变成了一场疯狂的战争。在给他的朋友，物理学家保罗·埃伦费斯特（Paul Ehrenfest）的一封信中，爱因斯坦写道："整个欧洲好像都疯了，简直令人难以想象，他们平时都是标榜自由意志的民族。"然而，他还是继续他的工作，在 1916 年发表了关于广义相对论的论文。

在法国阿尔萨斯前线的美国士兵们正在欢庆胜利。1918 年 11 月 11 日，他们听到了战争结束的消息。

爱丁顿爵士是英国顶尖的天文学家，也是爱因斯坦的引力理论最早的支持者之一。他不喜欢多与别人交流他的想法。当有人对他说，世界上只有三个人懂广义相对论时，他竟然问："第三个是谁？"今天，相对论早已广为人知了。

到了 1917 年，在战争的结束看似还遥遥无期时，一份论文的副本被偷偷带出了德国，通过中立的荷兰转到了英国。英国顶尖的天文学家阿瑟·斯坦利·爱丁顿被论文中的想法所深深吸引，他告诉他的同事们说，他准备检验一下广义相对论。一个英国科学家居然准备检验交战国科学家的理论。

这当然不被允许，直到 1918 年 11 月 11 日第一次世界大战结束。那时虽然一些英国官员仍要求禁止传播德国科学，但是英国皇家学会和皇家天文学会对此置若罔闻，支持了这一后来被载入科学史册的伟大实验。对这一实验，爱丁顿后来写道："我们的国家实验室秉承了科学界最好的传统，这也许永远值得后世借鉴学习。"英国的天文学家们彰显了科学是一项全世界的、超越政治的伟大事业。在 1919 年 5 月 29 日的日全食时，他们将测量星光是否会像爱因斯坦所预言的那样发生偏折。

他们带着当时最先进的仪器坐上两艘船出发了，其中一艘由爱丁顿率领，前往西非的普林西比岛，另一组前往巴西北部的索伯阿，以希望至少能有一组在日食时碰到天空晴朗。在 5 月 29 日早晨，西非海岸大雨如注，但到了下午日食发生时天空放晴，船队拍下了 6 张照片。在巴西的一组则获得了 7 张照片。

只有一样确信无疑

当爱丁顿结束他的观测旅途回到英国时，他写了一首关于此事的长诗，节选如下：

五分钟，一秒都不能浪费，
五分钟，为一张照片而求索，
星光闪烁，日珥飘忽，
光来自茫茫黑暗中——一切就要开始了。

阴影降临，环绕不去，
光与影的表演，
天地混沌，太阳是唯一的烛光，
微光明灭，幻影留存。

啊，我们的观察将是智慧降临的佐证，
有一样确信无疑，光也有了质量，
而那些其余的争辩——
光线啊，经过太阳的时候，别只顾向前走。

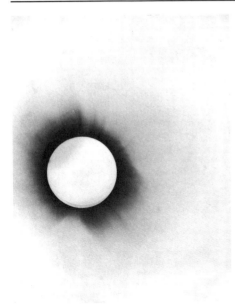

这两幅在同一次日食时拍摄的照片的正像和反像，来自 1919 年爱丁顿为检验广义相对论所作的观测报告。该观测试图寻找太阳的引力使光线发生弯曲的证据，这一效应是爱因斯坦的引力理论的重要预言之一。

　　他们花了几个月时间来处理这些照片和测量数据，并和其他数据进行核对。到 9 月初，爱因斯坦对这次远行观测的最后结论仍一无所知。又过了一个月，一些结果才开始浮出水面。

　　在 11 月 6 日，英国皇家学会和皇家天文学会的院士集合开会。知名的数学家和哲学家艾尔弗雷德·诺思·怀特海（Alfred North Whitehead）后来这样描述当时的场景：

　　整个会场引人入胜的紧张气氛可与希腊戏剧媲美……周围的布置就极具戏剧性——传统的讨论仪式以及背后牛顿的肖像都在提醒我们，这一最伟大的科学理论终于要在两个多世纪后，经历它的第一次修改了……一次思想上的伟大探险终于安全到达了彼岸。

　　当时爱因斯坦正和我讨论他研究中的一些问题。他突然中断了解释，递给我一份电报，上面报道了爱丁顿在日食中确认了光线在太阳附近偏折的消息。我欢呼道："太好了，几乎与你算出来的一样。"他却不为所动："我本来就知道这个理论是正确的，难道你怀疑过它吗？"

　　——莉泽·罗森塔尔 - 施奈德（Lise Rosenthal-Schneider），爱因斯坦的学生和朋友，《比例中的神奇之处》

LIGHTS ALL ASKEW IN THE HEAVENS

Men of Science More or Less Agog Over Results of Eclipse Observations.

EINSTEIN THEORY TRIUMPHS

Stars Not Where They Seemed or Were Calculated to be, but Nobody Need Worry.

A BOOK FOR 12 WISE MEN

No More in All the World Could Comprehend It, Said Einstein When His Daring Publishers Accepted It.

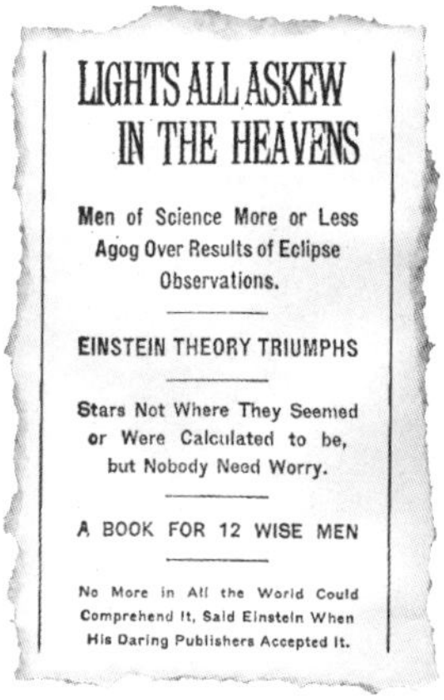

J.J. 汤姆孙（J.J. Thomson），会议的主席，站起来宣布："这是自牛顿时代起我们所获得的关于引力理论的最重要的结果，也是人类思想上最高的成就。这并不是发现了一个世外的孤岛，而是发现了新科学思想的一整块大陆。"

第二天，消息传遍了全世界。纽约时报的标题是"**天上的光线会弯曲：爱因斯坦理论的胜利**"。（见左图）泰晤士报的标题是"科学的革命，宇宙的新说，牛顿观点的颠覆"。科学家们通过测量证实了爱因斯坦关于光线穿过太阳周围时空的预言。光确实偏折了。

在这个实验之前，一般大众还没有注意到这个40岁，头发乱蓬蓬的德—瑞裔犹太物理学家。而一夜之间，这个具有幽默感、衣服凌乱的出色方程写手成了世界名人，科学的面貌已经被他改变了。

永恒还是变化?

为什么要那么大惊小怪呢?因为相对论已经使我们重新思考我们所生活的这个时间和空间。因为爱因斯坦已经揭示了,在自然界中,时间和空间交织在一起,而物质和能量也浑然一体。

——布赖恩·西尔弗(Brian L. Silver),《上升中的科学》

爱因斯坦个性中一个重要的品质就是发自内心的谦逊。每当有人质疑他的时候,他都仔细斟酌,当他发现自己错误的时候,都会非常高兴,因为他感到自己又比先前多懂得了一些。

——奥托·弗里施(Otto Frisch, 1904—1979),奥地利裔英国物理学家

20 世纪初,几乎所有重要的科学家都相信宇宙是无限宽广和永恒存在的。虽然没有直接的证据能够证明这一点,但也没有任何否定这一点的证据。所以那时的科学界几乎是想当然地认为,宇宙本质上是静态的、永远不变的。虽然天体在运行着,但是宇宙的总体结构始终相同。

正如苏格兰著名的地质学家詹姆斯·赫顿(James Hutton,1726—1797)所说:"我们看到的宇宙,就是无始无终的。"

这种想法可以追溯到古希腊时代。早在公元前 500 年,古希腊的天文学家赫拉克利特(Heraclitus)就写道:"我们的宇宙并不是人或神创造的,它从前是,现在是,将来也将是一团永恒的活火,在一定的分寸上燃烧,在一定的分寸上熄灭。"

塔兰托〔亚平宁半岛(今天的意大利)上一个希腊人聚集地〕的阿契塔(Archytas),是活跃在公元前 4 世纪的著名数学家。他也许发明了世界上最早的飞行器。

世界上可能还存在与我们的宇宙一样的另一个宇宙，这并不是一个全新的观点。英格兰天文学家托马斯·赖特（Thomas Wright, 1711—1786）在 1750 年的著作《一个关于宇宙的新的假说》中，曾经想象，在无穷的空间中有无限多个宇宙存在。图中的每一个球就代表一个宇宙，每个宇宙的中央是"上帝"。

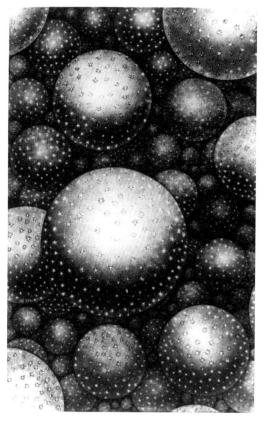

柏拉图（Plato）的朋友、毕达哥拉斯学派的阿契塔（也有人说他是柏拉图的数学导师）也对宇宙作过深思：宇宙究竟是有限的还是无限的呢？他还设计了一个想象实验来验证自己的猜想。

阿契塔想，如果宇宙是有限的，它必定有一条边界，假如他走到这个边界上并且向外投出一根长矛的话，结果会怎么样呢？显然宇宙外面的虚无是不可能把长矛弹回来的，它将持续飞行直到落地。而长矛落地的地方不就是预想的边界之外吗？这样，经过一次又一次地重复，宇宙的边界不就越扩越大了吗？因此，他认为结论只能是：宇宙不可能有边际，它是无限的。

什么是虚时间？

阿契塔是对的吗？宇宙是无限的吗？剑桥大学的斯蒂芬·霍金和加利福尼亚大学圣芭芭拉分校的詹姆斯·哈特尔（James Hartle）都不这么认为。他们提出，空间和虚时间的集合体是有限的，但没有边界。

什么是虚时间？霍金说，我们可以想象把通常的时间画作横轴，原点的左边代表过去，而右边代表未来。然后再添上一根纵轴，它就代表虚时间了。我们通常不会感觉到虚时间的存在，但在现代物理学中它确实是一个重要的假设。

20世纪初期，像其他所有的科学家一样，爱因斯坦也相信宇宙是无限、永恒和不变的。他还相信宇宙是均匀（各处性质相同）的和各向同性（各个方向上性质相同）的。他把哥白尼的思想推到了极致。

> 今天的科学家们认为，宇宙基本上是均匀的，且在各个方向的情况都基本相同。但他们并不认为宇宙是静态的、不变的。

但是，当爱因斯坦和其他人将广义相对论应用于这样的宇宙时，一个大问题就出现了：相对论表明这样的宇宙居然是不稳定的，宇宙不可能是不变的。根据广义相对论的方程式（牛顿的引力方程式也一样），宇宙中的物体将会相互吸引，除非被别的力平衡，否则引力会将所有物体拉到一起，从而坍塌。这难道将是宇宙的最终归宿吗？

爱因斯坦仔细检查了他的理论，一遍又一遍地进行数学运算，但始终无法相信这一宇宙会最终坍塌的结果。最后，他认为要解决这一矛盾，应该在广义相对论的方程中加入一个常数项，即宇宙常数。这一常数象征着宇宙中某种非常微小的抵抗引力的力，爱因斯坦把它记作希腊字母 Λ。（更多内容后面就会讲到。）

并不是只有天文学家和哲学家在寻找答案。19世纪60年代是爱因斯坦出生之前的十年。朱尔·凡尔纳（Jules Verne）就曾经想象，有一台大炮能把人类抛到月球上。这位科幻作家的作品激发了一代人的奇思妙想。这幅版画摘自1865年出版的《从地球到月球》。

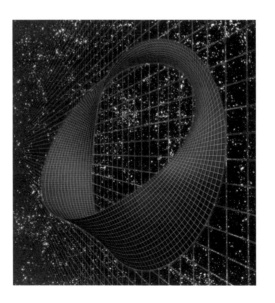

爱因斯坦关于引力是时空扭曲的突破性见解，也为拓扑学家（专门研究物体表面几何属性的数学家）打开了一扇探索之门。这幅由计算机生成的时空图中，就有两个被拓扑学家称作"扭结"的东西——它弯了两次。

宇宙的生日

物理学的规律是亘古不变的。若从悬崖跳下，必定坠向地心，永远如此，你不会以其他方式下落，这是重力使然。

但是你自己可不是什么物理定律，你在发生着改变，明天的你自然与今日不同。

那么恒星是永恒的吗？跟你一样，它们也有出生、成长和死亡的时候。那么，整个宇宙呢？在21世纪，物理学家斯蒂芬·霍金说："所有的证据都表明，宇宙并不是永恒存在的，它有一个诞生日。这可能是现代宇宙学最令人瞩目的发现。"后面我们就将看到他这样说的证据。

过山车轨道上的环、坡和弯道都是根据物理学定律来设计的——尤其是关于加速度（速度的大小和方向的变化）的规律。

到这个时候，爱因斯坦已经改变了人们看待时间和空间的方式：通过一种相对论性的时空观，他把引力变成了时空的弯曲。但是现在，天文学家们能够更加仔细地观察天空了，爱因斯坦的理论仍将面临天文观测的反复考验。宇宙是不是静态的？宇宙常数是否存在？无言的繁星将给出答案。请记住，一些意想不到的结果将出现。

膨胀的时间

世上没有东西是遥远到无法触及，或隐匿到无法发现的。

——勒内·笛卡儿（René Descartes, 1596—1650），法国哲学家和数学家

拥有五感，人类开始探索宇宙……这个旅程就叫作科学。

——埃德温·鲍威尔·哈勃（Edwin Powell Hubble, 1889—1953），美国天文学家，《科学的本质》

单单通过眼睛看，你就能观察到许多。

——约吉·贝拉（Yogi Berra），美国棒球运动员

1917 年，一台 2.5 米口径的巨型天文望远镜在加利福尼亚天气晴朗的威尔逊山上落成。这台望远镜是当时世界上最大的天文望远镜。运作它的是一个堪与第谷·布拉赫相媲美的天文学家，埃德温·哈勃。这位前业余拳击冠军、高中教师和罗兹学者奖得主，对天空进行了深入观测，并观察到了以前从未观察到的东西，而且他懂得该如何解释自己的发现。

哈勃早就意识到我们的太阳系只是茫茫宇宙的一隅而已。而另一位美国天文学家哈洛·沙普利（Harlow Shapley, 1885—1972）就曾断言我们只不过位于一个星系，即银河系中的一颗恒星周围。而且，我们的位置连这个星系的中央地带都算不上，我们只是乡下人。

罗兹学者奖（Rhodes scholars），是专门为那些能够通过他们领域的研究而造福世界的研究者而设的。获得罗兹学者奖的人，将得到英国牛津大学两年深造的全额奖学金。

在威尔逊天文台里，1917年建成的胡克望远镜在落成后的 30 年里一直是世界上最大的天文望远镜。它使埃德温·哈勃在 1923 年发现了银河系外还有其他的星系存在。

了不起的丹麦人第谷是望远镜发明前最伟大的天文学家。

埃德温·哈勃正在检查一幅星系照片的负像。(照片中暗的部分实际是亮的,而亮的部分实际是暗的。)在胡克望远镜建成之前,河外星系都非常模糊,所以被误认为是银河系内的涡旋状星云。

这一点对许多人来说也许难以接受,千百年来,我们一直都以为地球是一切的中心。后来,一位波兰教士哥白尼出现了,他说我们都错了,太阳才是一切的中心。从那以后,几乎每一个人都认为太阳系是宇宙的中心,直到1918年,沙普利告诉我们事实并非如此。

而到了1925年,哈勃得到另一个惊人的结果,我们的银河系并不是宇宙中唯一的星系。(当代的宇宙学家还说,我们的宇宙也许不是唯一的宇宙。)哈勃观察到天空中明亮而朦胧的云雾状物体,从而意识到它们可能是像我们一样的星系。然后,这样的星系一个接一个地被发现,这样他就知道了其实宇宙中还有千万个星系。天文学界这才懂得,这是一个真正不可思议的宏大宇宙。而我们这个星球和整个宇宙相比,就如一颗小小的微粒。

星系就像草坪里的草一样,它们到处都是。

——肯尼思·韦弗(Kenneth F. Weaver)和J.P. 布莱尔(J.P. Blair),美国国家地理杂志(1974年5月)

难道我们的星球毫无意义吗? 全然不是。现在我们知道,宇宙是巨大的,到处充满了神奇,而且地球与宇宙之间的关系让人着迷,值得我们人类去探索。

荷兰天文学家威廉·德西特(Willem de Sitter, 1872—1934)在研究了爱因斯坦的方程后提出,这一理论暗示着,宇宙在膨胀。一开始爱因斯坦并不相信,他像当时的大多数科学家一样,认为宇宙是静态的、不变的,不可能会膨胀或收缩,而且其中的星体都在做着固定的运动。这是自亚里士多德时代就被普遍承认的事实,爱因斯坦和其他伟大的思想家一样,也接受这一观念。

但同时,爱因斯坦也意识到,静态宇宙的观点存在一个问题。无论是牛顿的引力理论还是自己的广义相对论都表明,重物将相互吸引,这样它们会不断聚集到一起,宇宙最终就应该坍缩，而这在天文观测上却没有被发现。还有几个物理学家也认为宇宙并不是静态的，宇宙在膨胀。但是，如何解释这种膨胀的宇宙中的引力呢？在给威廉·德西特的一封信中，爱因斯坦写道："宇宙膨胀的观点令人十分不安……我无法接受这种可能性。"

所以，为了顺应他脑海中静态宇宙的观点（而宇宙又不致坍缩），而使得广义相对论仍然成立，爱因斯坦设想了一种反引力：当引力将物体吸引到一起时，反引力将产生类似于排斥的效果，从而与引力达到平衡，形成一个静态的、稳定的宇宙。这就是爱因斯坦在他的方程中加入宇宙常数项的原因。这一宇宙常数项在大尺度的整个宇宙中起着重要的作用，而在短距离上确实很难被感觉到。他似乎在玩一个把戏。

安妮·坎农（Annie J. Cannon，1863—1941）是继承第谷传统的宇宙观测者和天体分类者。但她有第谷那个年代不存在的工具——望远镜。坎农花费了毕生心血，将 25 万颗恒星进行了分类。她的 9 卷本星表由哈佛天文台出版，至今仍在使用。

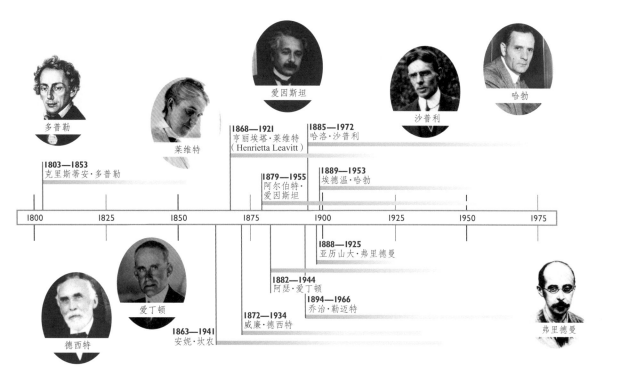

多普勒

莱维特

爱因斯坦

沙普利

哈勃

1868—1921
亨丽埃塔·莱维特
（Henrietta Leavitt）

1885—1972
哈洛·沙普利

1803—1853
克里斯蒂安·多普勒

1879—1955
阿尔伯特·
爱因斯坦

1889—1953
埃德温·哈勃

1800　1825　1850　1875　1900　1925　1950　1975

1888—1925
亚历山大·弗里德曼

1882—1944
阿瑟·爱丁顿

1894—1966
乔治·勒迈特

1872—1934
威廉·德西特

1863—1941
安妮·坎农

德西特

爱丁顿

弗里德曼

弗里德曼的父亲是一个作曲家，母亲是一个钢琴教师。弗里德曼说，他是因为没什么音乐天赋才去研究科学。他在第一次世界大战中加入了俄国航空飞行队（那时飞机还比较原始），并发展了空袭的技术。战后，他成了圣彼得堡科学院的教授。他最聪明的学生就是著名的乔治·伽莫夫（George Gamow）。1925 年，年仅 37 岁的弗里德曼死于伤寒。

我们究竟能看到多远呢？2004 年，哈勃望远镜传回的这张星系的图片时创下的纪录是：130 亿光年。所以，上图中一些恒星的年龄有 130 亿年了。

勒迈特（上图）将宇宙带回了它的起点。当那个起点爆炸后，会发生什么呢？一开始，相对论和量子力学会不会同时有效呢？爆炸又产生了什么呢？之后，宇宙又会走向何方？亿万年后，宇宙又会不会停止膨胀，或者收缩回它的起点呢？还是说宇宙会永远膨胀下去？这些都是物理学家在思考的问题。

但是人的思维总是无边无际而又无孔不入的。爱因斯坦的理论取得了许多重要的成果。俄国圣彼得堡一位年轻的教授亚历山大·弗里德曼（Aleksandr Friedmann，1888—1925）在认真研究了广义相对论后却产生了不同的看法。即便爱因斯坦本人在努力修改广义相对论以适应静态宇宙的要求，弗里德曼却认为广义相对论的方程告诉他：宇宙必然在膨胀。为此，他在 1922 年专门发表了一篇论文，而爱因斯坦对此的回应却是，弗里德曼一定大错特错了。

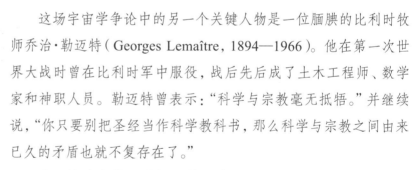

这场宇宙学争论中的另一个关键人物是一位腼腆的比利时牧师乔治·勒迈特（Georges Lemaître，1894—1966）。他在第一次世界大战时曾在比利时军中服役，战后先后成了土木工程师、数学家和神职人员。勒迈特曾表示："科学与宗教毫无抵牾。"并继续说，"你只要别把圣经当作科学教科书，那么科学与宗教之间由来已久的矛盾也就不复存在了。"

勒迈特曾在英国剑桥大学跟随阿瑟·爱丁顿学习物理，然后在美国麻省理工学院的两年时间里研究了哈勃的工作，因而对天文学理论和观测都有一定的经验。

在大爆炸中，上帝起了什么样的作用呢？这个问题科学家可没法回答，因为上帝不是一个目前可以证明的理论。当然，这并不意味着上帝的命题不成立，也不是说这一命题最终会被当今科学以外的某一学科所证明。

由大爆炸联想到的

哈勃关于宇宙正在膨胀的发现是惊世骇俗的。这是因为,如果真的是这样,那么宇宙必然有一个很小很小的开始。然而这却证实了勒迈特的预言。他从爱因斯坦方程推演了宇宙在很久以前的样子,发现那时所有的恒星和星系应该都聚拢在一个比原子还要小且非常致密的区域里。那一小块核心便在炽热中爆发了。这被勒迈特称作是宇宙的创生。宇宙在膨胀中慢慢冷却了下来。

后来,勒迈特写道:"站在冷冰冰的地球上,看着太阳的光辉慢慢淡去时,我们试着回想那已经消逝的万物初创时的耀眼光芒。"

图中描绘的是人们对宇宙大爆炸的许多科学想象的图景之一。

回到比利时做了鲁汶大学的教授后,勒迈特开始考虑广义相对论和星系大发现的问题,并试图将理论和观测结果联系起来。虽然没有读过弗里德曼的论文,勒迈特也认为宇宙一定在膨胀。他想,宇宙是从什么膨胀而来的呢?现在相距亿万光年之遥的星系,在过去应该靠得非常近。

勒迈特做了一个想象实验,试图将整个过程回放。他看到恒星和星系越靠越近,宇宙正在收缩,最终恒星和星系挤压并撞击到一起。

勒迈特不断进行着他的数学逆向推演,直至时间倒流到上百亿年之前,那时宇宙中所有的物质都会被挤压到一个无限小的点中,一个"宇宙之蛋",一个"初始的原子"。最后,他不能再往回走了,于是,勒迈特这样描述道:"那是难以形容的壮观的焰火,爆炸将烟雾布满了整个天宇,而迟到的我们只能想象那诞生时的灿烂了。"

宇宙的膨胀可以用面包圈和上面的葡萄干来比喻。当面包圈在烤箱里慢慢膨胀时,面包圈就是宇宙,而里面的葡萄干就是宇宙中的星系。

红移和蓝移

即使用最大的望远镜，你也很难看出天上的星星在运动。这不像我们看在路上行驶的摩托车那样，因为星星大多在许多光年之外，它们的运动极难分辨。（我们所见的它们在天际的运动，只是因为我们自己在随着地球自转而已。）那么，哈勃是怎么知道星星在运动的呢？

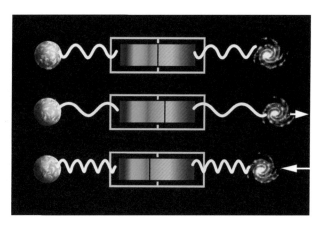

他所利用的就是红移的知识。如果你想了解太空旅行的话，就必须知道红移的知识。下面就是对红移的解释。

最上面那幅图是地球和远方的星系相对静止的情形。远方星系射来的光的光谱在中央有一条黑色的吸收谱线。如果星系在离开地球远去（中图），射来的光的波长将被拉伸，黑线向红色的那端移动。下图是星系向地球靠近时的情形。

牛顿发现当一束阳光被一个棱镜折射时，它将分成若干种彩色的光，一端是红光，另一端是蓝光，这就是光谱。这是因为在可见光中，红色光的波长很长而蓝色光的波长很短，不同波长的光折射角度是不同的。哈勃除了知道这些波长和颜色的关系之外，还知道在 1842 年，奥地利科学家克里斯蒂安·多普勒（1803—1853）发现的后来被称作多普勒效应的现象。包括声音和光在内的所有的波都有这一现象。试想你站在路旁，一辆摩托车飞驰着向你靠近。当它靠近你的时候，马达的声音非常尖锐，而离你而去的时候，音调却比较低。（这种现象在救护车驶过时也非常明显。）这种音调，也就是频率的变化，就是多普勒效应。之所以会这样，是因为在波源向你接近时，它发出的波被压缩；而当波源远离你时，它发出的波被拉长。

光波也有多普勒效应，但这种效应对驶近和远离的摩托车车灯而言太小，探测不到。但是仔细观察相距遥远的恒星发出的光的这种效应，对于天文学而言却是非常重要的。多普勒想到，当一颗恒星远离我们而去时，它产生的光波就会被拉长，使得光的颜色看起来更红一些。也就是说，星光的光谱会向波长更长，即红色的一端移动那么一点儿；相反，飞向我们的恒星的光谱就会出现蓝移。多普勒还意识到，恒星相对我们移动得越快，它所呈现出的红移或蓝移就越显著。这样一来，通过测量红移或蓝移的程度，我们就可以得到恒星运动的方向和快慢了。

多普勒的问题是，在他那个时代，望远镜还无法帮助他完成这种测量，而他预见到在不久的将来，更强大的望远镜就将做到这一点。1842 年，他写道：

> 我敢肯定，这种办法在不久后就会为天文学提供一种新的测量恒星移动的办法。而由于它们离开我们实在是太遥远了，所以恐怕很难找到别的测量办法了。

哈勃空间望远镜和斯皮策空间望远镜

天体物理学家莱曼·斯皮策（Lyman Spitzer，1914—1997）是普林斯顿大学天文台和天体物理系的主任。他相信一台在太空中卫星轨道上架起的望远镜将比地面上的望远镜提供清晰得多的宇宙图像。他提出这一想法是在1946年，离人类发射第一颗人造卫星还有十几年的时间，所以当时没有多少人关注到他的提议。

1977年，美国国会动议给这项计划提供财政支持，人们花了8年时间和15亿美元建造了一台这样的空间望远镜。然而直到1990年4月，这台直径为16米的望远镜才最终被发射到离地面569千米高的空间轨道上。为纪念埃德温·哈勃的功绩，这台望远镜以他的名字命名。在这台望远镜最初工作的16年里，它就传回了24 000个天体的75万张照片。

斯皮策是一个十分严谨、努力和有礼貌的人。直到去世当天，他仍在分析着哈勃望远镜传回的数据。2003年，美国宇航局向太空发射了另一台红外线望远镜，被称为斯皮策空间望远镜，以纪念这位空间望远镜的先驱。

哈勃空间望远镜（左）、斯皮策空间望远镜（中），以及传回的数据构成了右图中猎户座星云的假色照片。（照片中的颜色并非星云真实的颜色。）红外线、可见光、紫外线等不同频率的光被混合在了这张照片中。

这是"没有昨天的一刻"。时空起始，宇宙爆发，释放了古往今来所有的质量和能量。这是创世纪，后来被称为宇宙大爆炸（the Big Bang）。这个降生火球带来了今日世界的一切。

勒迈特的想法事实上只是接近了答案，因为它不是我们想象中的那种爆炸。爆炸和碎片也不会飞到空中，因为那时既不存在空间，也不存在时间。现在一切的一切，在那时只是一粒致密的、比原子还要小的种子——然后时间和空间同时诞生，并开始膨胀。根据这位比利时牧师的想法，新生的宇宙无比炽热，它沸腾着，旋转着，只有高能粒子在其中纷飞。

宇宙"大爆炸"的说法听起来也许不够严肃。英国天文学家弗雷德·霍伊尔（Fred Hoyle，1915—2001）并不喜欢这个说法。但是"宇宙大爆炸"这一术语实在流传太广了。

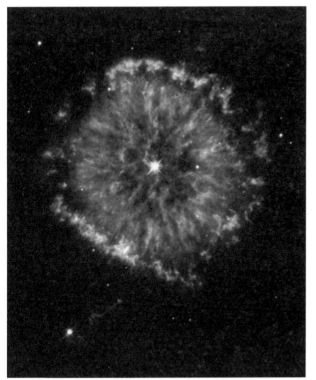

18 世纪，德国哲学家伊曼努尔·康德（Immanuel Kant）和英国天文学家威廉·赫舍尔（William Herschel）曾提出，天空中看到的部分星云其实是宇宙中的"岛屿"，即我们银河系外的星系。他们那个时代的望远镜还并不足以让他们看出它们与普通星云的区别，但是现在我们拥有非常强大的望远镜，能够给我们带来极其清晰的图像。上左图是一个壮观的平面状星云，而上右图是一幅仙女座星系的红外—紫外照片。由于很强的万有引力，仙女座星系和我们的银河系正在逐渐靠近。

星系们只有拼命地互相逃离，才能摆脱被引力吸到一起的命运。这就是为什么宇宙不能是静态的原因。
——约翰·巴罗（John D. Barrow），《宇宙的起源》

在 1927 年，勒迈特撰写了一篇论文，来描述他的宇宙膨胀的模型。他提出了后来贯穿现代宇宙学的核心想法。但一开始并没有什么人注意，因此在当时并没有在科学界引起什么波澜。事实上，宇宙膨胀和大爆炸当时仅是未被证实的理论。爱因斯坦也对此嗤之以鼻，他还是认为所有的天体都拥有永恒固定的轨道，他对勒迈特说："你的计算是没错，可物理想法就够呛啦。"

爱因斯坦并没有意识到理论和技术即将合二为一——就像伽利略用望远镜证明了哥白尼的观点一样。在 1929 年，埃德温·哈勃用威尔逊山上的那台巨型天文望远镜观测到，**星系们正以令人吃惊的速度互相远离**。而且他注意到，**星系移动的速度同它们离开我们的距离成正比**。这个结果后来被称作**哈勃定律**，正是宇宙起源于一次大爆炸的直接证据，因为速度越快的星系理应跑得越远。

那么，爱因斯坦还会坚信静态宇宙的观点吗？他将亲自到加利福尼亚去瞧一瞧哈勃的发现，他会对此十分惊讶的。

膨胀的宇宙

> 一个人应该能够触及到他掌握之外的东西——伸向天空。
>
> ——罗伯特·布朗宁（Robert Browning, 1812—1889），英国诗人，《安德里亚·德·萨托》节选

> 哈勃关于膨胀宇宙的发现……并不是受到什么预言的启发……从而使人人都很意外……那些庸碌的天体物理学家们居然想当然地以为宇宙是静态和一成不变的——这难免令人难堪地联想到，亚里士多德时代的人也曾确信，星星是固定在穹宇上的。
>
> ——尼尔·德格拉斯·泰森（Neil DeGrasse Tyson），美国天体物理学家，《国家历史杂志》（1996 年 11 月）

1931 年 1 月 29 日，爱因斯坦和哈勃一起坐在轿车里，沿着蜿蜒的山路登上了加利福尼亚州帕萨迪纳附近的威尔逊山。在那里，哈勃向爱因斯坦展示了当时世界上最大的望远镜（口径约 2.54 米）"胡克"。51 岁的爱因斯坦像一个孩子一样兴致勃勃，并被望远镜所深深折服。相对而言，他的第二任妻子埃尔莎则没有那么激动。当被告知天文学家们正用它来探索宇宙的结构时，她说："这个，我丈夫在一个旧信封的背面就能算出来了。"

但是哈勃确实知道一些她丈夫不知道的东西。爱因斯坦这个理论上的巨人和哈勃这个实验上的巨人即将交流他们的所知。

斯科特·特亚律（Scott Teare，上图）是精通光学的物理学家。他正在给胡克望远镜直径 2.54 米的镜面安装一块新的铝合金镜面（用以收集星光）。这是特亚律钟爱的工作，他称之为"历史的辉煌篇章"。

威尔逊山天文台的望远镜坐落于加利福尼亚州帕萨迪纳城外蜿蜒的山路的顶端。图中左边的两座塔主要用于观测太阳，尤其是太阳的磁场和黑子。远处穹顶内的望远镜专门用于观测遥远的恒星和星系。那较小的 1.5 米视野望远镜现已退休，不再作专业天文学观测了，但仍然能使到访的天文爱好者看到令人震撼的夜空。

就在拥有强大分辨本领的巨型望远镜成为现实的时候，哈勃走上了天文学的舞台。与此同时，人类对天体物理的了解也在突飞猛进。

这时离 1842 年多普勒发现以他的名字命名的效应已过去了将近 90 年。所以当哈勃观察到，恒星颜色正向可见光谱的红色或蓝色段偏移时，他非常清楚这是由于它们正在（相对于地球）运动。而且，恒星远离我们的速度越快，它发出的光向红色一端偏移就越多。

远去就是红，靠近就是蓝

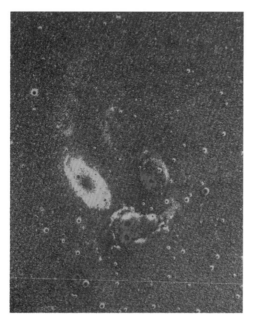

想象一下，有个人以每秒一个的频率向你扔球。那么当他一边扔，一边远离你的时候，你接到球所用的时间就会越来越长，所以一秒钟里你就得不到一个球了。相反，如果他一边扔一边靠近你的话，你接到两个球的时间间隔就不到一秒钟。注意，在两种情况下，他扔出球的频率都没有什么变化，只是你接到球的频率在变而已。相同的事情也发生在光波上，由于光源的运动，光波到达观察者的时间也会变长或变短。这样，变长或变短的时间又会使谱线在光谱上向红端或蓝端移动。

在这张假色图中，四个小的红色星系（其中两个由于吸引而紧靠在一起）要比大的、圆圈形的白色星系呈现出更加明显的红移。它们叫作斯蒂芬四星系，正以更快的速度离我们而去，它们离开我们更为遥远。

通过世界上最强大的望远镜，哈勃很快发现他看到的几乎所有星系发出的星光都在发生红移。这一点令他大吃一惊，于是他想到，**这种红移意味着所有的星系都在远离我们。**

其实宇宙中的恒星会发生运动并没有什么值得大惊小怪的，当时几乎所有人都以为，这些运动只不过是它们绕着其他星体转圈罢了。而哈勃看到的却是，整个星系都在一起运动，它们在整体后退，而不是绕着什么其他星球旋转。此外，红移现象还使他能够算出这些星系离开我们的速度。计算结果表明，它们正以惊人的速度远离我们，而且这些星系之间的距离也在快速变大。

在这张假色照片中，两个链形的星系团正在合并到一起。图中红色的部分表示从四个星系发出的射电辐射。研究者说，它就像是在跳一支"难以琢磨的舞蹈"。

你的院子可没膨胀

在伍迪·艾伦的电影《安妮·霍尔》中，19 岁的阿尔维·辛格（Alvy Singer）感到十分沮丧，根本无心做作业。他跟妈妈和医生讲，做作业毫无意义，他说："宇宙在膨胀，总有一天它会撑破的，然后就是世界末日！"他妈妈问："宇宙膨胀跟做作业有什么关系？你在布鲁克林，这儿可没有膨胀！"

他妈妈是对的，不仅布鲁克林没有膨胀，就连地球和整个太阳系和银河系都没有膨胀。因为这些物质大多是被引力和化学作用聚集在一起的，而这些要超过使宇宙膨胀的作用。

宇宙的膨胀在星系团之间的空间中发生着。在星系团之外的广大空间里，引力的聚集作用就难以与膨胀的作用相抗衡了。所以，各个星系团都在相互远离对方。想象一下气球膜上的小虫子吧，当气球越吹越大时，那些小虫子之间的相互距离也变得越来越大，但是小虫子自己是不会随着气球膨胀的。

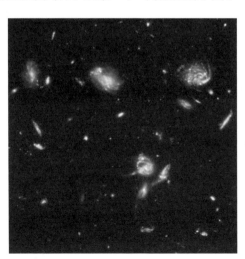

如果确切一点讲，星系并不是在太空中飞行。实际上，是这些星系所在的空间本身在膨胀。星系自己并不会变大，只是它们之间的距离在变远。

当哈勃发现宇宙万物正在相互远离时，他就迫使宇宙学家们去思考，宇宙究竟如何产生，又将如何终结。而以前，这些问题还只是神学家和哲学家所思考的问题。

英国天文学家约翰·古德里克（John Goodricke，1764—1786）于 1784 年最早发现了造父变星。在已知的约 20 000 颗这样的变星中，亨丽埃塔·莱维特（左图）把其中的大约 2 000 颗编入了档案。她将它们变化的周期和亮度（绝对亮度）绘成了曲线。

亮度（luminosity）是指一颗星发射出的能量，不管它有多远。这是星星实际的（或固有的）明亮度，与我们看到的星星的明暗不同。因为一颗具有很高亮度的星，如果离开我们很远，也有可能看起来很暗。相应地，视亮度是指一颗星看起来的明亮程度，这一明亮程度随着它离我们的距离增大而下降，与距离的平方成反比。这对于天文学家来说是非常有用的信息。

知道了宇宙中有大量的星系，哈勃于是设法测量它们离开地球的距离。他是如何做到的呢？

在 1912 年，一个叫亨丽埃塔·莱维特的美国天文学家发现了一种称作"造父变星"的稀有的恒星。它们就像天空中的萤火虫一样，一闪一闪地发出光来。如果把连续两次闪光的时间间隔叫作它的周期，那么莱维特发现，造父变星的周期与它的绝对亮度（即它发出的光强）直接相关，亮度越强，周期也就越长，闪光的节奏就越慢。

造父变星的这种发光规律使得哈勃那个时代的天文学家得以计算遥远的恒星离开地球的距离。哈勃的同事，天文学家沙普利首先找到了一种办法，只要知道一颗造父变星的（绝对）亮度、周期和距离，就能通过公式计算出其他造父变星的相关信息。哈勃就通过这种办法，借助星系中的造父变星得到了许多星系离开我们的距离。他得出星系离开我们的距离和星系之间的距离远得让人吃惊。

图中箭头所指的北极星是第一颗用来标度距离的造父变星。早在天文学家知道它的这一用途之前，地球上的旅行者就一直依靠北极星来指引方向。

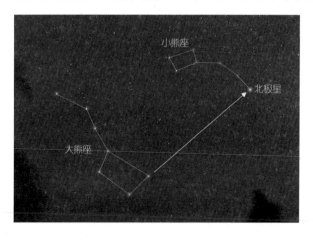

小熊座

北极星

大熊座

你也许以为像图中这样一颗形状奇特如车轮般美丽的涡状星系应该会有一个专门的名字。但是它只有一个代号，叫NGC1309。通过它中部的造父变星，天文学家确定它离开我们的距离大约为1亿光年。在2002年中的几个星期里，这个星系中的一颗Ia型超新星爆发的光芒到达了地球，给我们带来了关于宇宙膨胀的新线索。

所有这些了解宇宙的方法都是在一段时间中渐渐积累起来的，但是之前没有人像哈勃那样把这些拼图拼成一体。他的工作向我们展示了一个全新的恢宏的宇宙图景：**这个大得不可思议的宇宙没有中心，并非静态，而且在不断膨胀之中。**

哈勃的研究中有一个非常重要的发现：**一个星系离我们越远，它远离我们的速度就越大。**勒迈特和弗里德曼是从爱因斯坦的方程式中猜出宇宙在膨胀的。哈勃虽然并不知道他们的猜测，但却通过实验观测到，并且测量出了这种膨胀。他用无可争辩的事实，把几千年来人类对静态宇宙的想象彻底埋葬了。

如果我们能够知道哈勃带爱因斯坦参观他的望远镜时说了些什么就好了。现在我们知道，哈勃的伟大发现令爱因斯坦心悦诚服：在静态宇宙这个问题上，他犯了一个大错误。这时爱因斯坦才承认，弗里德曼的计算"正确而且清晰"；勒迈特的想法也是"非常、非常美妙的"。

如果宇宙是静态的，那么它就没有过往，没有开端，一切都是永恒存在的。所以说，是宇宙膨胀理论给了宇宙一个历史。现在我们已经知道，宇宙是有历史的，每一颗星，连同围绕其旋转的行星的运动都是有始有终的。于是也可以说，宇宙的每一个瞬间都是独一无二的。

哈勃（图中叼着烟斗的人）和威尔逊天文台的负责人沃尔特·亚当斯（Walter Adams），正邀请爱因斯坦透过胡克望远镜来观看天空。时年 51 岁的爱因斯坦，甚至还登上了支撑架仔细查看了一下这架先进的望远镜。这次访问是在 1931 年，正是哈勃确认宇宙在膨胀的两年之后。

至于宇宙常数，这个他为维持静态宇宙而想出来的"反引力"，爱因斯坦则坦承，这是他一生在科学方面犯下的最大错误。但事实上，爱因斯坦去世后，人们发现那个宇宙常数 Λ 不一定是爱因斯坦所认为的重大错误——它也许是暗物质的代言人。

宇宙常数重现江湖

在 20 世纪的大部分时间里，物理学家都和爱因斯坦一样，以为宇宙常数 Λ 的引入是一个错误。

但是，冷静的勒迈特并不这么想，而且深深为宇宙常数的意义所着迷。爱因斯坦只是从几何的层面上提出了这一常数，而勒迈特则把它想象成了一种实实在在存在着的物质。这种物质施加与引力抗衡的排斥力，但不受其他物质影响。

在爱因斯坦和勒迈特去世以后很久，宇宙常数又再次兴起了。有人认为，它的存在可能有助于解释一个关于时空的未解之谜，这就是暗能量。

今天，有些天体物理学家假设，在宇宙大爆炸的初期，就存在"反引力"的物质，爱因斯坦也因而被他们认为有先见之明。但可惜的是，很少还有人记得勒迈特始终都坚信着这种物质的存在。

至于静态宇宙，这种观念再也不会回来了。

印度人的智慧

> 和所有初到英国的印度学生一样，钱德拉必须同孤独、思乡和饮食不适作斗争，更不用说无处不在的种族偏见了。强烈的民族自尊心使钱德拉对一切形式的歧视都要斗争到底。
>
> ——阿瑟·米勒（Arthur I. Miller），美国科学史和哲学史教授，《恒星帝国》

> 较小质量的恒星的一生一定与较大质量的恒星有着根本上的不同……对一颗小质量的恒星而言，白矮星阶段将是它走向完全灭亡的第一步；而大质量的恒星不会走入白矮星的阶段，等待它的将是另外的命运。
>
> ——苏布拉马尼扬·钱德拉塞卡（Subrahmanyan Chandrasekhar, 1910—1995），印度裔美籍天体物理学家，天文台杂志第 57 期（1934）

这个印度人名叫苏布拉马尼扬·钱德拉塞卡。不过人们都叫他钱德拉（Chandra），这在古印度语中恰恰是月亮或明亮的意思。钱德拉在 20 世纪的一门新兴科学中发出明亮的光芒，这门科学是物理学和天文学的混合产物，叫作天体物理学。

1936 年，26 岁的钱德拉接受了耶基斯天文台的一个职位。这是剑桥大学的损失，也是芝加哥大学的意外收获。

在印度的种姓制度中，钱德拉属于最高等级的种姓——婆罗门。他出生于拥有学术传统的书香门第。祖父是数学教授，一个叔叔后来获得了诺贝尔奖，而他的母亲以文学翻译方面的成就著称。

即使在那样的家庭里，钱德拉也可以算得上是一颗新星。钱德拉从小就十分擅长数学和天文学。1927 年，17 岁的钱德拉在马德拉斯总统学院学习时，发现了英国科学家爱丁顿在一年前写的书《恒星的结构》。爱丁顿是英国一流的天文学家，极富魅力且风趣、睿智，而且正是他带领船队验证了爱因斯坦的广义相对论。在这本书里，爱丁顿描述了一种当时令天文学家们非常困惑的恒星：白矮星。

从印度次大陆走来

钱德拉于 1910 年出生在印度的拉合尔。那时，拉合尔属于英属印度殖民地，而现在属于巴基斯坦。在印度脱离英国独立后，巴基斯坦也于 1947 年从中分离，成为一个以穆斯林为主的独立国家，而印度主要信奉印度教。印、巴之间的分裂导致大规模冲突，使 750 万穆斯林难民从印度逃往巴基斯坦，1 000 万印度教难民则从巴基斯坦逃往印度。

早在分裂发生之前，8 岁的钱德拉就随家庭迁往印度南部的文化与贸易中心马德拉斯。这座孟加拉湾西面的海滨城市以美丽的印度教寺庙和海滩著称。

在 1996 年，马德拉斯正式更名为金奈，现在是印度知名的汽车城和离岸贸易中心。

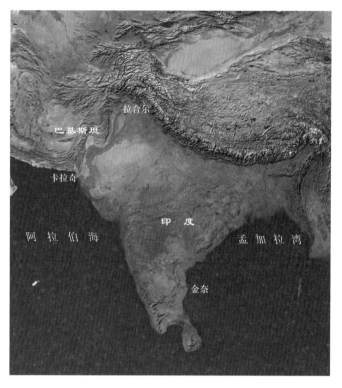

从这张卫星照片上可以看出，印度次大陆的大部分地方都是干燥贫瘠的。

当一颗像太阳那样大小的恒星耗尽它的大部分核能时，引力将使它收缩，最终成为一颗致密的小星体——**白矮星**（white dwarf）。

爱丁顿在书中写道："宇宙中应该存在大量的白矮星，而现在被确定下来的三颗都是在太阳附近。"当天文学家们通过望远镜观测它们，并测定其中最近一颗（天狼星 B 星）的质量和大小时，却惊讶地发现它的密度每立方米居然有 6 万多吨。这样大的密度令地球上的人们怀疑他们所观测到的东西。（后来这一观测结果不仅得到证实，而且白矮星变得很普通，它们的密度甚至比早期发现的还要大。）从那时起，年轻的钱德拉开始了对白矮星的研究。

天文学家们已经意识到，白矮星正在通过向太空辐射的方式丧失它们剩余的能量，并在

如果把你的目光从夜空中最亮的天狼星 A 上移开一点，你就会注意到左下方的那颗伴星，天狼星 B。这是一颗只有地球般大小，却有太阳一样质量的白矮星。

此过程中逐渐冷却、收缩。但是，这会持续多久呢？它们的最终归宿又将是什么呢？要知道这些恒星虽然看起来是在走向衰亡，实际上却是非常稳定的。爱丁顿对此颇有困惑。（现在已经知道，白矮星中几乎所有的电子都脱离了它们的原子，剩下的具有极高密度的东西，被物理学家称为简并气体物质。与通常的气体完全不同，它的导热性极其良好，并能够向外产生足够的压力以抵抗引力引起的向内部的收缩。）

在书中，爱丁顿还提出了其他的问题，比如，是不是所有的恒星最终都会变成白矮星呢？随后，他试图用经典物理的规律寻找答案，但是并不算成功。钱德拉阅读了这本书，知道这里存在一个问题。爱丁顿最后的结论是：除了很少的一部分恒星能以超新星爆炸的形式把自己撕成碎片外，其他所有的恒星最后都会以白矮星的形式结束它们的生命。

钱德拉对此非常着迷。他阅读了在大学图书馆里所能找到的关于天体物理学的一切图书，其中包括爱丁顿的同事拉尔夫·福

此处，"简并"（degenerate）是指气体被极度压缩，从而变得非常致密。

白矮星的中心区域所包含的物质是组成晶格的碳和氧，与钻石中的碳晶格相似。被剥离电子的原子从常态被高度压缩成了简并的状态，使白矮星不至于完全塌缩。

这场量子物理与经典物理的辩论发生在 20 世纪 20 年代。那时，量子物理的哥本哈根学派正如日中天，而原子中的许多奥秘还未被发现。

勒（Ralph Fowler，1889—1944）的一些论文。福勒在论文中提到也许量子物理（而不是牛顿的经典物理）能够更好地解释这些现象。福勒仍得到了和爱丁顿一样的答案：几乎所有的恒星都将以白矮星的形式平静地结束自己的一生。这些结论正确吗？

1930 年，因成绩优异，20 岁的钱德拉获得了前往英国剑桥大学读研究生的奖学金。这时爱丁顿正是剑桥大学的教授，而钱德拉的博士生导师将是福勒。

从印度马德拉斯前往英国南安普敦的船行驶了 18 天，在孤独的海上旅程中，钱德拉思索着关于白矮星的问题，考虑着它们的压强、引力和如何通过收缩而使密度变得越来越大。根据福勒的想法，他把量子力学应用到了爱丁顿的分析中，并充分展现了他的数学才能。收缩在多大范围内才能进行呢？钱德拉意识到福勒并没有把相对论考虑在内，而当他将相对论和光速不变原理引入计算模型之后，钱德拉发现**只有质量不超过太阳 1.4 倍的恒星才会最终成为白矮星**。

那么如果恒星的质量超过这一数值又会怎么样呢？

恒星内部的压力非常巨大，甚至将那些简并气体也完全压碎，从而将继续坍缩，最后形成比白矮星还致密得多的物体。

恒星由星云产生，星云的主要成分是氢。下图所示的麦哲伦星云的中央，正在经历催生恒星的艰难过程。气体从新生的恒星中喷出形成一个腔体。引力把氢和其他原子聚集到正在形成的恒星中，恒星的温度逐渐升高，直到氢原子中的质子聚变成氦的原子核。根据质能方程 $E = mc^2$，这一过程可以将极小的质量亏损转化为巨大的能量，以至于一颗年轻的恒星可以这样燃烧数十亿年。

坍缩成什么？怎样坍缩？这当中的细节，钱德拉也无从知晓。他只知道，他的计算告诉他，质量巨大的恒星最终不会变成稳定的白矮星。

这些质量巨大的恒星的归宿也许需要由组成它们的原子来回答，但是关于原子内部结构的知识早已超出钱德拉的知识范围了。在 1930 年，没有人知道答案，然而钱德拉却非常确信，他的计算是对的。

当一本正经的钱德拉到达英国时，他急于见到他的偶像阿瑟·爱丁顿爵士，这个出生于劳动阶层的男孩，最终见到了英国天体物理学的权威。钱德拉把自己关于白矮星的发现告诉了爱丁顿。在接下来的 5 年时间里，钱德拉在爱丁顿的鼓励下仔细改进自己的计算。在 1935 年 11 月，爱丁顿安排钱德拉将他的计算结果汇报给了英国皇家天文学会。

一百多位知名天文学家参加了这次讨论会。这件事看起来非同小可，因为恒星的命运就是宇宙的命运。年轻的钱德拉宣布了他的结论：**白矮星存在一个质量上限，超过这一上限的巨星将不可能以白矮星的形式结束自己的一生。**这一全新的想法意味着天体物理的许多内容都需要重新思考了。

最后，当爱丁顿总结发言时，他站得笔直，细边眼镜戴在他那尖尖的鼻梁上，一只金表挂在背心口袋里。这位天体物理学权威却说："自然界总该有什么特殊的机制，使恒星不至于这么奇怪地走过一生吧！"——他认为这名年轻同事的结论是荒唐可笑的。那么，究竟谁的结论更加可信呢？是英国最权威的天体物理学家，还是默默无闻的印度学生？

1.4 倍的太阳质量，意味着几乎要比太阳质量大 50%。注意，这不是指恒星的大小，而是指所含有物质的多少。如果具有相同的质量，一颗白矮星的体积要比我们的太阳小得多。

我们的太阳（在现在一个阶段中看）是稳定的，因为核反应所产生的向外的力正好与向内的引力平衡。但是，当它把外层质量巨大的一圈氢燃尽时，向内的引力就会减弱——太阳将膨胀成为一颗红巨星。下图所示的天体，就被天文学家认为是一对红巨星和白矮星。红巨星将它所存储的氦元素变为碳或者其他更重的元素，所以一旦氦被耗尽，我们的红巨星太阳就没有足够的温度来使碳燃烧。那时，太阳的内核就会收缩，同时向周围空间释放出巨大的能量。那时的太阳将会膨胀，其半径将超过地球的轨道，然后扩散去外壳的太阳会只剩下像地球一样大小的致密的内核。白矮星，就是太阳最终的归宿。

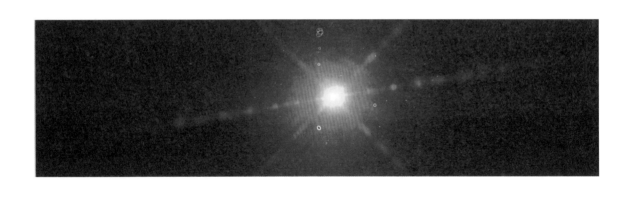

我们的太阳最终会变成一颗被它释放出的气体所萦绕着的白矮星。上图中星云中央微小的白矮星是我们所知的最热的白矮星之一。白矮星将会在数十亿年的过程中逐渐冷却。天文学家认为，当它们不能够再冷却后，它们就成了黑矮星。但是，观测这种黑矮星非常难。也许宇宙的历史还没有长到产生这种黑矮星，不过这一点还不能肯定。

爱丁顿后面还补充道，虽然钱德拉的数学没什么问题，却和恒星的问题牛头不对马嘴。针对钱德拉同时使用量子理论和相对论这一点，爱丁顿说这南辕北辙。他把这两个理论的结合戏称为"非法婚姻"，而把钱德拉的理论嘲弄地称为是一场"星际滑稽戏"。

> 在它们的一生中，恒星是引力和核聚变这两种能量相互抗衡的战场。引力想把它收缩成一个小球，而核聚变所产生的光和热却想把它炸成碎片。
> ——查尔斯·塞费（Charles Seife），《阿尔法和欧米伽：探寻宇宙的起源和终结》

在丹麦，尼尔斯·玻尔（Niels Bohr）在获知这场论战后却认为钱德拉是正确的。但玻尔还有别的事情要忙，真正把握天体物理学界话语权的是爱丁顿。钱德拉于 1936 年离开英国，前往美国芝加哥大学的耶基斯天文台工作。他自称不想把一生都用来和爱丁顿争论——在之后的四分之一世纪内，钱德拉再也没有回到关于白矮星的研究。

然而问题仍在那里，对那些最后成为白矮星的恒星，究竟有没有一个质量的上限呢？而如果真的存在那个上限的话，比如钱德拉所说的 1.4 倍太阳质量，质量巨大的恒星又该如何结束生命呢？

爆炸？怎样爆炸？

爱丁顿如此反对钱德拉的真实原因是，它很大程度上否定了他的基本理论，而这一理论他自己已鼓吹了7年之久。

——阿瑟·米勒，美国科学史和哲学史教授，《恒星帝国》

四月二日夜初更，见大星，色黄，出库楼东，骑官西，渐渐光明，测在氐三度。

——周克明，中国天文学家，对公元1006年一次超新星爆炸的记录

在爱丁顿和钱德拉的争论中有一件十分有趣的事，在那个时代，爱丁顿也许比别的任何人都更同时了解相对论和天文学。他甚至还指出，一颗小而致密的恒星要比大而稀疏的恒星产生更深的时空弯曲。

爱丁顿也意识到，当一颗恒星耗尽它所有的燃料后，如果质量还超过太阳质量的1.4倍的话（这一质量后来被称作钱德拉塞卡极限），它将"继续不断辐射，继续不断收缩。直至收缩成为一颗半径只有几千米的天体，从而使得向内的引力强得足以克服向外的张力，并最终稳定下来"。换句话说，这样的恒星最终将变得足够小而致密，使得时空中产生一道连光也无法逃离的裂隙。这颗恒星终结了。"没有了。"爱丁顿补充道。

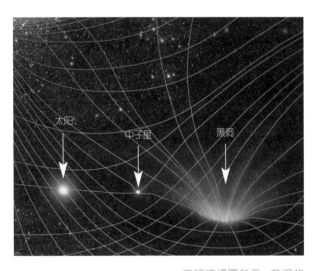

太阳　中子星　黑洞

正如这幅图所示，我们的太阳只会在时空中产生一个非常小的凹陷，一个质量大得多的中子星会产生一个稍微明显一点的时空弯曲。而一个黑洞会使时空张开一个宽达数光年的缝隙。

这颗中子星的直径最多只有 27 千米，比火星的卫星都要小。它虽然温度极高，却比你肉眼能够看到的最暗的星都要暗一亿倍。哈勃望远镜通过专门捕捉弱光天体的暗光摄像机才发现了它。

　　实际上，爱丁顿的直觉将他引向了正确的方向——后来被叫作黑洞的东西——但是他再也没能够在这条路上继续走下去。他缺乏想象力和对直觉的坚信。他想当然地认为，类似黑洞这样的不可能存在，因为它看起来太诡异了。很久以后，钱德拉讲正是爱丁顿的"深刻的物理洞察力"才使得他领悟到："那个质量极限本身就暗示着黑洞的存在。"但是爱丁顿本人却无法接受这一想法，正如钱德拉所说："如果爱丁顿当时能够承认这种可能的话，这就意味着他比当时所有的科学家领先 40 年。"

　　事实上，也许钱德拉乃至整个天体物理学界，都应该早些想到黑洞的问题，而不是在 40 年后发现**中子星**时才领悟到。

基普·索恩后来在他的《黑洞和时间弯曲》一书中写道："到了 1930 年，在一个个演讲和一篇篇论文中，弗里茨·茨维基（Fritz Zwicky）渐渐使他的关于中子星的概念深入人心，中子星的发现使我们得以解释超新星和宇宙射线这些宇宙中最激烈现象的起源。"

和黑洞一样，中子星也是巨大恒星的遗体——恒星大爆炸后的残留。在 1933 年，茨维基和加州理工学院的同事，德国人沃尔特·巴德（Walter Baade）初次设想中子星存在时，他根本没有任何观测上的依据。但他通过在威尔逊山望远镜的观测经历正确地猜到，有些特别亮的恒星最后一定会塌缩成为极其致密的一团，而这一塌缩的过程将伴随一次巨大的爆炸。这在地球上看来，就好像有一颗极其明亮的新恒星突然出现在天际。

茨维基和巴德将这些昙花一现的恒星叫作**超新星**。他们意识到，一颗超新星就是巨大质量的恒星一次罕见的剧烈爆炸。（现在我们已经知道，在这种爆炸中恒星只是失去了它的外层，把它们以中微子、电磁波、大量原子核和其他残骸的形式送入了星系和太空。）

于是，超新星就会在天空中突然出现一个多月，然后又渐渐黯淡了下去。超新星产生的星等相当于我们整个银河系星等的总和。在 1572 年，当丹麦天文学家第谷·布拉赫看到了一颗超新星时，他甚至无法相信自己的眼睛。（不仅是因为它的亮度，而且在那个时代人们都相信天宇是一成不变的。）

当茨维基在尝试解释超新星现象的同时，剑桥大学的卢瑟福也意识到原子核中应该还有什么没被发现的东西。卢瑟福知道原子核包含带正电的质子，并且猜测也许还应该有一种电中性的粒子存在其中。1932 年，卢瑟福的学生詹姆斯·查德威克（James

我们所使用的大多数超新星的名字，既不是来自拉丁语，也不是来自英语。

天文学家第谷·布拉赫于 1572 年观测到了一次超新星爆炸。下图是钱德拉空间 X 光望远镜拍摄到的 400 多年后这一爆炸的残余。图中蓝色的部分是 X 光能量较高的部分，边缘的光环是爆炸残余膨胀时产生的冲击波。

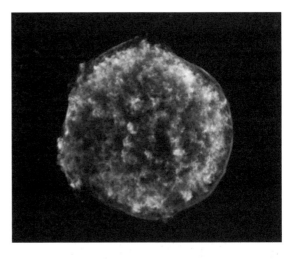

中子不会相互排斥，因此在中子星中它们紧挨在一起。原子中没有空的地方，也没有电荷。所以，一个中子星拥有非常大的密度，如同原子核那样致密。白矮星的密度只有中子星密度的一亿分之一。

根据瑞士圣迦尔修道院的记述，1006 年 5 月 1 日，超新星发出"在遥远的南天异乎寻常的、超过所有的星座的光芒"。弗兰克·温克勒（Frank Winkler）在纽约时报上写道："根据中国人对它的描述，这颗星应该整整两年半在天空中都清晰可见。"一千年后，这一爆炸的残余（下图）已经膨胀到了 70 光年那么大，而且还在继续膨胀。

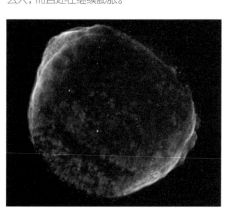

Chadwick）通过实验发现了这种粒子，并把它命名为中子。对于物理学家来说，这是一个大新闻，它回答了有关原子的诸多疑问，开启了粒子物理的新篇章。

许多天体物理学家并没有注意到查德威克的发现，毕竟这种极微小的粒子能与他们所研究的宏大宇宙有什么关系呢？但是茨维基一贯是个喜欢异想天开的人，他敏锐地嗅到了其非凡的意义。他假设：在超新星爆炸这种极端的环境下，恒星的原子必然发生着某种改变。那么，它所包含的原子、质子和中子呢？他猜想，也许爆炸的力量足以将带负电的电子和带正电的质子撞击到一起，从而形成中子。于是电子云在恒星的内核中已被剥离，而中子的数量将变成原来的两倍，这将成为一颗中子星。

阿瑟·米勒后来说道："这个想法的大胆之处在于，茨维基和巴德居然通过小小的原子核里的中子，解释了当时最大的物体——恒星。"

1934 年，茨维基和巴德写道，超新星正是普通恒星向中子星的过渡。不过当时他们的看法还没有引起人们足够的重视。然而茨维基无论如何不能算是个墨守成规的人，你可以认为他古怪、疯狂或是天才。这名拥有正统瑞士血统的人出生在保加利亚，毕业于爱因斯坦的母校瑞士苏黎世联邦理工学院。当他在 1925 年来到加州理工学院的时候，哈勃正好在威尔逊山天文台发现了星系退行现象。

茨维基总结道，当一颗质量巨大的恒星发生超新星大爆炸时，它剩余的物质只有曼哈顿那么大，但却具有原子核一样的超高密度。要知道，哪怕是一勺白矮星那样致密的物质放到地球上，它产生的重力就有 6 吨；而对于中子星，同样体积的物质将是 10 亿吨——重到几乎可以穿透地球。你可以想象，宇宙中如此致密的恒星正像花样滑冰运动员一样高速旋转着，并产生巨大的吸引力。

有些中子星是脉冲星

在 1967 年，安东尼·休伊什（Antony Hewish）和乔斯林·贝尔（Jocelyn Bell）发现了一颗会发出连续脉冲电波信号的恒星。在他的诺贝尔奖获奖演讲中，休伊什回忆道：

大约在 1967 年 8 月的一天，乔斯林给我看了一段起伏的电波信号，当时我们都还以为是普通的电磁干扰。直到 11 月 28 日，我们才找到了确切的证据，表明我们那个神秘的目标正在以略大于 1 秒钟的间隔发出无线电脉冲。那时我还不敢相信自然界中竟会有这样周期性发射脉冲信号的东西存在，所以立刻咨询了我在其他天文台的同事们，看他们有没有可以产生这种干扰信号的电子设备……最后，仍旧心存怀疑的我还弄来个仪器，专门准确测量了脉冲发生的时间间隔，令我惊讶的是，它呈现了完美的周期性……这些脉冲的发生时间准确到百万分之一秒……在完全找不到任何地球上可以产生这样现象的干扰后，我们才开始相信，这些信号只可能来自太阳系外的某个射电源。

找到这些信号产生的机理以前，休伊什和贝尔把这个射电源叫作小绿人（Little Green Men）。这个射电源是一颗恒星，他们把它叫作"脉冲射电星"，或者脉冲星。

天文学家很快想到，中子星可能会产生一个比地球上的任何磁场都要强百万倍的磁场。带电粒子从强磁极中射出，形成了包括无线电波、X 射线或者可见光在内的强大的电磁辐射。当这些中子星自转的时候，释放的辐射就像旋转灯塔射出的灯光一样照耀着宇宙。当这灯塔的光束扫过地球时，天文台就会记录到这种脉冲信号。

据估计，单单在我们银河系中就有至少 100 万颗活跃的脉冲星。但是，并不是所有的中子星都可以成为脉冲星，也不是所有脉冲星的电磁辐射都会扫过地球。

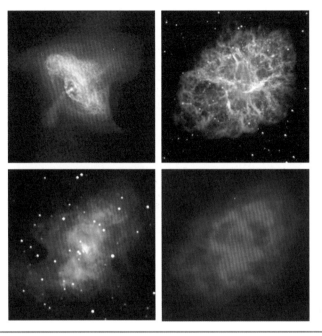

四幅图都是金牛座蟹状星云中心的脉冲星的假色照片。从左上、右上、左下、右下分别是 X 射线、可见光、红外线和射电（无线电波）照片。

在随后的 20 年里,茨维基和巴德都在为他们的理论寻找证据。但是很少有人把它当回事。

而与此同时,一位俄国物理学家列夫·朗道(Lev Landau)也得到了与钱德拉相同的结果:那些成为白矮星的恒星的质量应该有一个上限。(朗道事先并不知道钱德拉的工作,而且他是用其他方法得到这一结论的。)他也发现,凡是超过 1.4 倍太阳质量的恒星的内核将会持续塌缩,而不经过白矮星的阶段。虽然他希望整个学术界对此引起注意,但他在国内的境遇却十分糟糕。

朗道还有其他的理论,其中之一认为,恒星发光的本质来源于核物质的燃烧。这当然是核聚变的另一种说法。尽管他没有说明详细过程,但结论是对的。政府并不在意他的结论,朗道被送去了哥拉格集中营。(他存活了下来,但情感上被摧毁了。)

虎!虎!熊熊燃烧![诗人威廉·布莱克(William Blake)的诗句]

正如题目中的诗句所说,一个诗人可以随便让什么东西燃烧。对一个电脑程序员来说,“燃烧”意味着把一些数据写入计算机的磁盘中。对一个化学家来说,“燃烧”就是氧化的过程,就好像烤焦面包时把碳水化合物里的碳烧出来的样子。

当一个物理学家说燃烧的时候,是指一种原子核的变化。在核的“燃烧”过程中,许多原子核被聚合到了一起,成为一颗更重的新原子核。恒星就是这样逐步将一个质子的氢原子核聚合成两个质子的氦原子核,然后再将氦聚合到一起,成为新的、更重的元素氧或者碳。在超新星爆炸的过程中,甚至连铀那么重的元素也会出现。

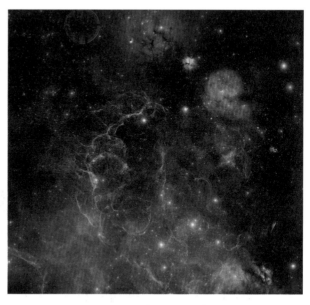

美丽的船帆座超新星爆炸的残余大概已有 11 000 年的历史。在地球上到底有谁在那时的夜空中看到了这颗突然出现的耀眼恒星,然后又看到它渐渐黯淡呢?

　　关于恒星演化理论的下一步重要进展，来自于朗道在列宁格勒时的同窗，高个子的乔治·伽莫夫。这名充满想象力的科学家专注于核聚变。后来拥有荷－奥－德三重国籍的物理学家弗里茨·豪特曼斯（Fritz Houtermans）和韦尔什·罗伯特·阿特金森（Welsh Robert d'Escourt Atkinson）受到伽莫夫工作的启发，写了一篇文章，描述恒星如何通过氢原子核聚变成氦原子核的反应获得能量，以持续发光数十亿年。豪特曼斯之后写道，一天散步时他的未婚妻叹道："天色渐暗，星星一个个出现在夜空，它们多美啊！"他挺起胸膛自豪地说："我昨天终于想明白它们是怎么发光的啦！"他的未婚妻大笑了起来。

　　其实豪特曼斯只是领悟了一部分答案。时间已经到了20世纪30年代末，世界大战迫在眉睫，许多物理学家都在拼命逃离欧

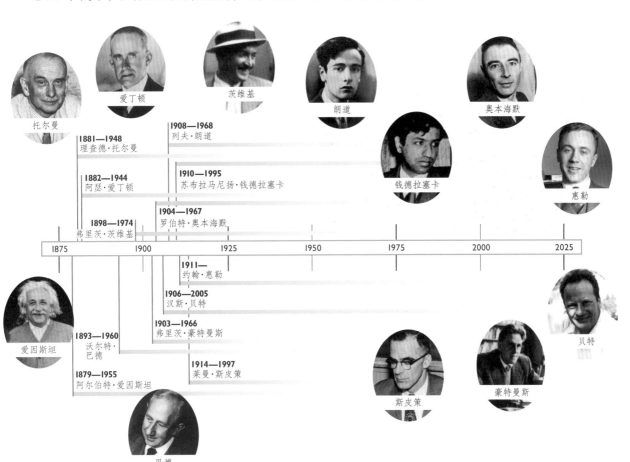

托尔曼

爱丁顿

茨维基

朗道

奥本海默

1908—1968
列夫·朗道

钱德拉塞卡

惠勒

1881—1948
理查德·托尔曼

1910—1995
苏布拉马尼扬·钱德拉塞卡

1882—1944
阿瑟·爱丁顿

1904—1967
罗伯特·奥本海默

1898—1974
弗里茨·茨维基

| 1875 | 1900 | 1925 | 1950 | 1975 | 2000 | 2025 |

1911—
约翰·惠勒

爱因斯坦

1906—2005
汉斯·贝特

1893—1960
沃尔特·巴德

1903—1966
弗里茨·豪特曼斯

1879—1955
阿尔伯特·爱因斯坦

1914—1997
莱曼·斯皮策

斯皮策

豪特曼斯

贝特

巴德

洲。在相对平静的美国首都华盛顿，天文学家和物理学家们正相聚探讨恒星发光的问题。与会的汉斯·贝特始终试图把发光和核聚变联系在一起，他终于在 1939 年的一篇论文中迈出了关键的一步。

与此同时，钱德拉当时还是个局外人。他是一个挺受欢迎的教师，他写书，并且是天体物理学杂志的编辑，继续研究恒星。但他被爱丁顿伤得不轻，已经不再研究白矮星了，并且认为还没人可以回答他作为一个学生时提出的问题——超过 1.4 倍太阳质量的恒星最终究竟将如何演化？

而在地球的另一个地方，奥本海默却也和他在加州理工学院的同事、广义相对论方面的专家理查德·托尔曼一起，思考着同样的问题。他们读了朗道的论文后，也决定和他一样，抛弃牛顿力学，转而使用广义相对论的办法来探索。

列夫·朗道在 1938 年被送到西伯利亚哥拉格集中营。这些苦力集中营散布在苏联的各个地方。图中是 1939 年的乌兹别克斯坦，囚犯们正在修建一条运河。小说家索尔仁尼琴（Solzhenitsyn）曾在他的作品《哥拉格集中营》中有过描述。

奥本海默和他的研究生乔治·沃尔科夫（George Volkoff）在研究晚年的恒星燃烧完大部分氢元素后的行为。在那些星体中聚变产生的向外的张力，将不再足以与向内的引力抗衡了。于是塌缩开始了，星体越来越紧密地挤压到一起，压缩使温度升高。几乎燃烧完了所有的氢，接着连氦元素也加入了聚变，而形成碳以及更重的元素，直到氦也被耗尽，新一轮的塌缩又开始了，随之而来的是更高的温度和更重的元素。最后，反应的终点将是铁元素的形成，因为铁元素有最稳定的原子核，而且没有外部的能量输入是无法产生更重的元素的。

天上的钱德拉

美国宇航局在 1999 年将一颗 X 光探测卫星发射升空，并为这颗探测器征集名称。爱达荷州一个名叫蒂雷尔·约翰逊（Tyrel Johnson）的中学生和加利福尼亚州一个叫亚蒂拉·范德华（Jatila van der Veen）的物理教师建议将它取名为钱德拉 X 光空间探测器。这一建议从 6 000 多个名字中脱颖而出。

钱德拉 X 光空间探测器由马萨诸塞州史密斯森天文台负责运行，它可以在电磁波谱的 X 光波段拍摄照片。它升空后马上传回了令人前所未见的太空图景。钱德拉如果在世的话，一定会为此兴奋不已。

钱德拉 X 光空间探测器是一部具备推进器、太阳能电池板和通信天线的完整的飞行器。它所观测到的 X 光照片将一个比我们想象中更有活力的宇宙呈现到了我们面前。

这就是质量过大的恒星与其他恒星不同的地方。与我们的太阳差不多大小的中型恒星是无法得到外部能量输入的，它们只能慢慢冷却成为白矮星。只有那些大质量的恒星才有可能在燃料耗

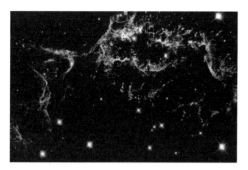

仙后座 A 号超新星距离我们 10 000 光年，这意味着它爆炸所产生的光要过一万年才能到达地球，当时是 1667 年。我们原以为天空中的超新星非常稀有，那只不过是因为宇宙太大了。我们的银河系作为宇宙的一个角落，大约一个世纪才会看到一次超新星，但是在整个宇宙中，这种爆炸大约每一秒钟就会发生一次。

那种可以导致黑洞的巨大爆炸叫作超超新星爆炸（hypernova）。

尽的最后不到 1 秒时间内塌缩得如此剧烈，产生足够的力和压强，将内核加热至更高的温度。极高温使星体发生照耀整个宇宙的爆裂。

这就是超新星爆炸，它把长期以来聚变产生的各种元素抛入太空。**爆炸带来的能量足以产生比铁更重的元素**，它们留在爆炸后的碎片中，旋转着的碎片逐步聚集、凝聚成新的恒星与行星。我们地球上所有的重元素都是这么来的，连我们自己也是由爆炸恒星的材料组成的。

到 1939 年，超新星研究成了一门尖端科学。而几年前，当茨维基把中子星与爆炸的超新星联系起来的时候，还没人把它当回事。到这时情况就不同了，钱德拉的文章被重新找了出来。加州理工学院的实验物理学家，诺贝尔奖获得者罗伯特·密立根（Robert Millikan）则把超新星比作元素诞生时的哭声。而大发现并没有结束。

奥本海默和他的同事们想到一种能够跨过白矮星和中子星阶段的恒星。这些恒星最后的体积很小、密度很大，以至于根本无法被看到，它们在时空中产生的弯曲"凹陷"深到包括光在内的一切东西都无法逃离它。这种时空凹陷就是黑洞。恒星的所有物质都已经塌陷到黑洞中了，产生了所谓的时空"奇点"。没有人直接看到过这样的奇点，因为连光都没法从黑洞的边缘逃脱，这种边缘因而被叫作"视界线"。

这些当然都只是大致的猜测，不过对天空的研究一时无法再深入下去，因为第二次世界大战开始了。

黑洞——宇宙的奇点

在 1964 年，黑洞被想象成宇宙中的洞，物体将顺着它掉入无穷深渊。但是物理学家们用广义相对论反复计算的结果却改变了这种认识。现在我们认为黑洞也是实实在在的物体，它会自转，从而使周围时空产生龙卷风般的旋转。在这种时空漩涡中也许蕴藏着自然界可被利用的巨大能量。

——基普·索恩，美国物理学家，《黑洞和时间弯曲：爱因斯坦异想天开的遗产》

在黑洞中央被撕成碎片固然挺糟糕，但有些计算却表明，没有东西可以完整地进入到它的中央：所有的原子在这之前早就被它巨大的引力破坏了，尤其是当掉入一个新生黑洞中的时候。

——埃德温·泰勒和约翰·阿奇博尔德·惠勒，《探索黑洞：广义相对论入门》

当质量非常大的恒星走到生命尽头时，它并不以中子星作为自己的终点。但是在 20 世纪初，并没有人知道终点是什么。显然人们不可能把恒星放到实验室里进行研究，于是奥本海默和他的同事哈特兰·斯奈德（Hartland Snyder）尝试用想象实验来回答这个问题。奥本海默通过爱因斯坦的方程式 $E = mc^2$ 知道能量可以增加为物体的质量。于是他猜测，当巨大的恒星向它的内部塌陷时，该过程所释放的巨大能量（同时还伴有巨大的引力）将在内部产生额外的巨大质量和密度，也就是说，塌陷使恒星的质量变得更大，反过来又加速它的塌缩，直到最后一气呵成地变成一个足以把自己都吞噬的致密天体——再没有什么可以逃脱。也就是说，这样一颗巨大恒星的所有质量，加上塌缩时的额外质量，最终全都变成时空阱基部的一个极小、极致密的奇点。（其实这就是一个黑洞，尽管在 1939 年还没有这一术语。）

尽管没有人真正看到过时空的奇点，但是广义相对论却预言了这种无限小的点的存在。广义相对论认为这种东西可以有无限大的密度，但是量子力学却说这并不可能。两者相持不下，究竟孰是孰非，物理学家们尚未知晓。

根据星系演化探测卫星（GALEX）传回的数据，大的星系很少有年轻的恒星。有天文学家认为，这是因为其中存在的超级黑洞（如上图所描绘的那种）会将新生的恒星扼杀在摇篮中。

奥本海默和他的同事斯奈德写了一篇论文来介绍他们的猜想。他们相信这样的一种时空中的奇点将产生非常巨大的引力，使得任何靠近它们的物体都会翻滚着被拽入深渊。根据广义相对论，他们认为这种奇点是无限深的陷阱，将吞噬邻近的一切，包括恒星、气体和光子，被它吞没的一切反过来会进一步增加它的质量。（虽然这个奇点本身很小，但包括它内部和周围旋转天体在内的整个结构可以非常巨大。）引力在时空中"挖"了个陷阱！

奇怪的定义，重要的问题

现在一般认为，每个黑洞的中央都有一个时空奇点，至于时空的奇点究竟是什么，就没有人可以说清楚了。回答这个问题看来要等到 21 世纪了。

然而，对于时空奇点我们还是有一个初步的定义。下面的内容有点难，所以一次没读懂的话也不要泄气——要知道有些人用了好几年才弄懂呢：

一个时空奇点是指在时空中一个无限小的点，其中的引力太过强大，以至于那里的物质是无限致密的。

想想什么叫无限小和无限致密吧。建议你从质量会使时空发生弯曲这件事开始思考，然后考虑一下：在这样的一个奇点上，根据广义相对论，时空的弯曲程度也会变得无限大。

这里就有一个问题了，一方面广义相对论预言这里的物质无限致密，而另一方面，在量子力学中，海森堡（Heisenberg）所提出的不确定原理却说，任何什么东西，哪怕是单个电子，也不可能被压缩成一个无限小的点！也就是说，这两种著名的物理理论之间是有矛盾的，这个矛盾至今也没有人可以解释。事实上，这是现代物理学的一个非常重要的、有待解决的问题，它一旦解决了，一种新的物理学框架就诞生了。

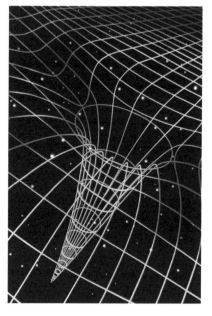

这幅图又一次尝试用二维曲线来描绘黑洞可能产生的四维时空弯曲。

1939 年 9 月奥本海默和斯奈德的论文发表的时候，几乎没有引起任何人的注意。世界各国正在选边站队，准备着迫在眉睫的战争。第二年，德国、意大利和日本签订条约成立了他们自称为"轴心国"的军事同盟。然后在 1941 年 12 月 7 日，美国珍珠港海军基地遭到了日本的突然袭击，美国随即也加入了第二次世界大战，而奥本海默被指派主持曼哈顿计划，此后一直忙于制造原子弹。他的关于恒星末期行为的研究就此告一段落。

直到 20 世纪 50 年代末，这方面的研究才在普林斯顿大学教授惠勒的工作中获得了新的进展。他注意到了问题的核心，即那些时空中的奇点和它们周围天体的结构。和普通的物理学家相比，惠勒更有一些生意人的风范。他常常衣冠楚楚，有时还因为有了新的想法而在校园里燃放小爆竹。他原来研究核物理，曾于 1939 年和玻尔在哥本哈根共事。（他们曾共同发表过一篇关于核裂变的重要论文。）作为曼哈顿计划的一员，惠勒曾在反应堆中提炼了用于制造核弹的钚元素。战后，惠勒开始专注于广义相对论。那时，爱因斯坦正住在普林斯顿，他们就在探索同样的问题：如何将广义相对论和量子物理整合在一起，从而揭示宇宙的秘密。而巨大恒星的最终结局，看来就有助于帮他们找到整个宇宙的起源和归宿。惠勒的办公桌上有一个装满格言的盒子。其中一条格言是："只有当我们明白时间是多么奇怪时，我们才会理解宇宙是多么简单。"

这是在丹麦哥本哈根的约翰·惠勒，当时玻尔是他的导师。后来，惠勒成了美国好几代年轻物理学家的导师。

宇宙诞生于一次大爆炸。至于这之前，爱因斯坦的理论告诉我们：不存在之前。

——约翰·惠勒

宇宙中总是充满了意外。1962 年，荷兰裔美籍天文学家马尔滕·施密特（Maarten Schmidt）正用加利福尼亚州帕洛玛山上的大望远镜，研究宇宙中一个叫作 3C273 的目标。这是一个距离遥远的明亮天体，看起来像一颗恒星。这意味着它（在天体中）很小，因此它如此明亮的原因显得更加扑朔迷离。所以，当施密特发现它的当天，他回家后竟和妻子说："今天的事情有点不可思议。"

是什么导致图中的类星体以近乎光的速度喷射出气体？为什么这些气体云又是一团一团的，而不是连续的气流？它们又为什么会减速？钱德拉 X 光空间望远镜正帮助科学家们探索这些未解之谜。

"类"表示相似。类星体（以前也叫类恒星射电源）并不是一颗恒星，而是跟恒星有些相像。

一开始没人可以解释为什么这个天体有如此高的亮度。它的亮度稳定，也就是说它不可能是超新星。于是另一个天文学家丘宏义称它为类恒星射电天体，简称类星体。

不久，别的类星体也被发现了，而且对它们光线红移的研究结果表明它们十分遥远，这使得天文学家们意识到他们正在观

踏上月球

1961 年 5 月，美国总统约翰·肯尼迪（John F. Kennedy）宣称，美国将在 60 年代将一个人送上月球。事实上，这件事成功的时间点比他预言的要早些，而且送上月球的不止一个人，是两个：尼尔·阿姆斯特朗（Neil Armstrong）和爱德华·阿尔德林（Edwin Aldrin）。

阿波罗 11 号的三名宇航员（左 1 图）于 1969 年 7 月 16 日从地面发射升空（左 2 图），并在 4 天后到达月球。当迈克尔·柯林斯（Michael Collins）在指挥舱里绕月球运行时，阿尔德林成为了继阿姆斯特朗之后，第二个在月球上留下脚印的人（左 3 图）。

1969 年 7 月 19 日，这两个人和宇航员柯林斯一起进入了环绕月球的轨道。第二天，柯林斯留守在阿波罗 11 号飞船上，另两名宇航员用月球登陆器"小鹰"在月球着陆了。当阿姆斯特朗踏上月球时，他说出了那句著名的话："那是一个人的一小步，也是全人类的一大步。"

这一大步是现代世界科学与技术完美结合的成果，而后者改变了地球上大多数人的生活方式。那么我们的下一步是去哪里呢？阿尔德林在向美国国会报告时说："因为我们是代表全人类踏足月球的，所以那些月球上的脚印也应该属于全世界……阿波罗计划给我们的启示是，只要我们有足够的意志和决心，国家的目标就一定可以实现……月球上的第一步是我们走向其他比邻行星的一步，也是我们走向其他星球的一步。"

而柯林斯也说道：

船舱里，当我们朝两边看的时候，月球和地球都出现在飞船的窗外。于是，我们有了选择：可以望向月球，望向火星，望向未来的新大陆，也可以回望我们的地球和家园，以及人类一千多年来积累的困惑。

我们确实应该向两边的舷窗看，我们看到了两边的景象，这就是我们美国的责任。

察着宇宙遥远的过去。这些类星体虽然只有一颗恒星那样小，但每一颗却在释放着超过 100 个星系的巨大光亮，这意味着它们不可能是恒星，因为恒星中的核反应模型根本无法解释它们产生的巨大能量。这一能量来源当时无人知晓。

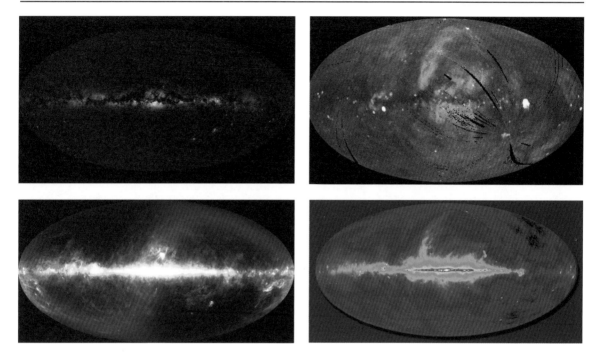

上图告诉我们，当只使用可见光看天空，而没有计算机进行色彩编辑的话，我们会错过许多东西！今天先进的仪器使我们能够获得银河系的诸多令人叹为观止的画面，包括左上图的可见光图片，右上图的高分辨率 X 光图片，左下图的红外线图片和右下图的微波射电图片。每张图片里，中间的水平带就是银河系所在的平面，上面恒星、气体和尘埃密布。

记住，所有电磁波都在真空中以相同的速度传播。一个完整的无线电波（射电波）波形（从波峰到下一个波峰）可能绵延几千米，而一个完整的 X 光波形的长度只有百万分之一厘米。

对类星体的观测是技术进步所带来的成果之一。从 20 世纪 30 年代后期开始，专门探测太空中的无线电波，而不是可见光的射电望远镜开始发展起来。到了 1957 年，安装有巨大的碟形天线的射电望远镜开始出现。而火箭则在 20 世纪 70 年代中期将 X 光望远镜送到了地球大气层上方。电磁波的每一波段以其独特的方式记录了不断膨胀天空的图景中的各个天体。人们由此开始通过电磁波的各个波段观察宇宙中的天体，浩瀚苍穹以一幅崭新的壮丽图景展现在了人类面前。

同时，惠勒开始使用"黑洞"这一术语来描述收集爆炸后恒星碎片的引力陷阱。这个名字听起来名副其实，因为即使光也无法逃脱它们的魔掌。虽然有些科学家认为没有必要去搜索这些永远不可能被"观察到"的东西，惠勒却坚持说，宇宙是一个到处是坍缩和膨胀的最有趣的系统，分析黑洞的物理学原理将是意义深远的。

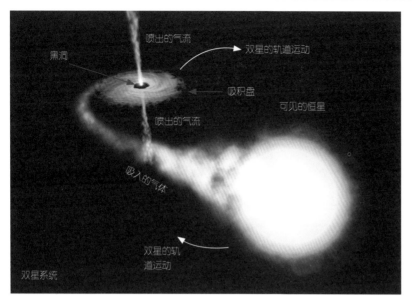

双星系统

当一颗恒星靠近黑洞时，它的气体会首先被吸入黑洞周围的吸积盘。在气体盘旋吸入的过程中，气体颗粒相互摩擦，形成高温，并辐射出 X 光。在黑洞的视界线，X 光可以像焰火一样剧烈地发射出来。由于宇宙空间中的 X 光要比可见光或者紫外线少见得多，所以 X 光的存在通常是黑洞这类异常天体的标志。

到了 20 世纪七八十年代，紫外线望远镜、γ 射线望远镜和红外线望远镜开始被天文学家使用，有些被送入太空。一份 1982 年的天体物理学报告说，在历史上只有两个时期，人类观察天空的方式在一个人类生命周期中发生了革命性的变化：一个是三个半世纪之前的伽利略时代，另一个就是现在。

虽然还没有人在天空中发现黑洞，但是人们对它的兴趣却与日俱增。搜索它们的科学家们把目光聚焦在了星系中心附近一些沿着轨道高速运行的恒星上面，因为它们所围绕着运转的应该是十分巨大的引力源。它会不会就是在其中心有着时空奇点的黑洞呢？这些轨道所描绘的圆盘叫作吸积盘。(我们今天可用轨道望远镜观察到这些旋转的恒星和吸积盘。) 黑洞的边缘叫作视界线，在这一边际的外边，黑洞的引力就不足以束缚住光，这就是说，这条边际外面的天体是可见的，但一旦越过，一切就变得无影无踪了。(有一个小例外，见下页"泄露的黑洞"。)

通过 1988 年的《时间简史》，霍金将高深的宇宙与黑洞的理论推向了大众。但是，他仍然谨慎地说："一切物理学理论都是假定性质的，也就是说，你永远都不可能证明它们正确。就算现在为止所有的实验都表明某种理论正确，你也不能保证它不被下一次实验所推翻。另一方面，只需一个与理论不符的观测结果，这个理论就难以立足了。"

到了 20 世纪末，包括霍金在内的几位科学家在一同研究黑洞的问题。霍金患有肌萎缩侧索硬化症，这使他逐渐丧失了肌肉和语言功能，但这似乎使他的思维更加敏锐。他曾说："在得病之前，我厌恶人生，酗酒成性。但是当你的前程因为病痛

泄漏的黑洞

许多科学家现在相信，黑洞并不是死气沉沉的东西。斯蒂芬·霍金首先揭示了黑洞的这一动态图景。他指出，一定量的辐射会慢慢地从一些黑洞中发射出来。而发射的速度取决于黑洞的质量。通过这种辐射，很小的、原始的黑洞可能已经把它们的能量耗尽而消失无踪了。

这种漏出的辐射在黑洞的边际线上会产生粒子和反粒子对，这种粒子对中的一个粒子可能被吸入黑洞中，而另一个就带着黑洞的一丁点儿能量逃逸了出来。这一过程叫作"霍金辐射"。

简直难以想象，用这么慢的过程，一个黑洞要过多久才会完全从宇宙中"蒸发"掉啊！霍金说："比我们宇宙 137 亿年的年龄要长得多。"

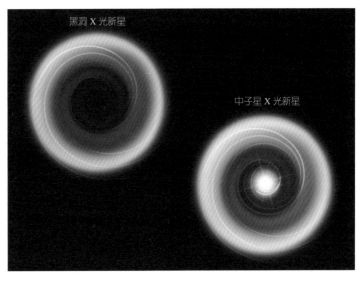

黑洞中心的气体是不可见的，因为光无法从黑洞中逃脱（左图）。然而，当气体击中十分致密的中子星时（右图），却会发出明亮的光辉。

而失去任何希望时，你就可能开始认真欣赏你能做的每一件事了。"正如苏联科学家丹尼斯·奥弗比（Dennis Overbye）所说，霍金是探索黑洞的理想宇航员。

对于普林斯顿大学的惠勒和剑桥大学的霍金来说，他们的物理公式让他们相信黑洞一定存在，但是如何真正观测到它们却成了难题。这时，苏联物理学家雅科夫·泽利多维奇（Yakov Zeldovich，1914—1987）想出了一个办法。这位莫斯科宇宙学中心的科学家意识到，就像水池出水口中的漩涡一样，黑洞在吸引周围的宇宙尘埃时可以产生旋转的漩涡。这样旋转的吸积盘就会通过收缩和摩擦释放出 X 光。所以，泽利多维奇认为：要找到黑洞，只要找到一个围绕着看似不存在任何东西的中心（即黑洞）转动的恒星就行了。你可以通过观测这一恒星的速度

泽利多维奇出生于白俄罗斯首都明斯克，在 17 岁时搬到了俄罗斯。这张照片摄于 1950 年左右，当时他是苏联热核武器研制的一个领导。

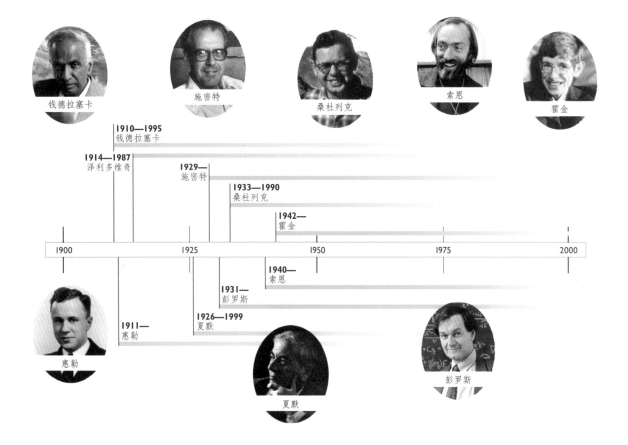

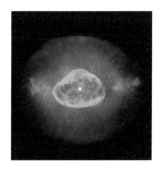

除了奇异的 X1 星之外，天鹅座中还有一颗美丽的"猫眼"。这是一颗周围包围着一层炽热气体的恒星。图中的气体通过计算机着色后，看起来就像人眼的瞳孔和虹膜。

天鹅座是北半球天空的一个巨大星座，位于武仙座和天马座之间。

和轨迹来计算出黑洞的质量（只要用开普勒定律），你也应观测到剧烈的 X 光活动。

霍金从俄罗斯带回了搜索黑洞的新的方程和猜想。然后人们通过光学望远镜锁定了一颗 6 000 光年之遥的天鹅座 X1 星，它每过 5.6 天就绕着一个不明天体旋转一周。通过计算这颗恒星的轨道和速度，天文学家们确信这个不明天体的质量约为太阳质量的 10 倍，而这种质量的东西几乎非黑洞莫属。

然而霍金还有些疑虑，他认为这如果不是黑洞，那将是更加稀奇的东西。于是，他和加州理工学院的索恩打赌说，天鹅座 X1 并不是绕着一个黑洞转。赌注是，输家得给赢家订一年色情杂志。

霍金对黑洞进行着深入的演绎和思索，他获得了一个突破性的想法。这被称为第一次量子力学和相对论的成功结合，改变了人们对黑洞的许多认识。霍金认为，黑洞不应该只被看作

爱因斯坦空间探测器记录的第一个天体就是天鹅座 X1，一个可能的黑洞。它有一颗蓝色的巨大的伴星，每 5.6 天就绕它一周。

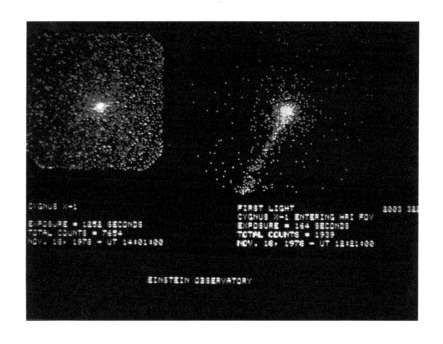

超级黑洞

1916 年，第一次世界大战中，还在俄国前线服役的德国军官卡尔·史瓦兹齐德（Karl Schwarzschild）将爱因斯坦关于时空的方程用到了球形的物体中。他所获得的计算结果表明今天所说的黑洞是存在的，尽管当时不论是爱因斯坦还是他本人都没有意识到这一点。罗伯特·奥本海默指出，这种时空中的深坑可以由质量巨大的球状尘埃坍缩而成。几十年后，约翰·惠勒进行了分析，起先否定了这样的可能性，后来又反过来认为，真实物质的坍缩确实可以产生这样的时空奇点，并给这种天体取名为"黑洞"。

当天文学家们最终确认黑洞存在时，却吃惊地发现，有些黑洞如此巨大，简直不可能是一个天体的坍缩物。为此，基普·索恩解释道："巨型的黑洞从未被任何理论预言存在过，它们的质量甚至比天文学家看到过的通常的恒星要大几百万倍。为自己的名誉考虑，哪一个理论家敢事先作出那么大胆的预测呢？发现这种黑洞本身就已经足够走运了。"

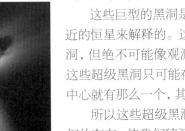

这幅图描绘的是一个被环形尘埃云环绕的超级黑洞。它的吸积盘中透出 X 光（图中橙色的部分）。

这些巨型的黑洞是不可能用偶然的天体撞击或者吸入附近的恒星来解释的。这些过程也许可能产生一个相当大的黑洞，但绝不可能像观测到的那么巨大——这些是超级黑洞。这些超级黑洞只可能存在于星系的中心，比如我们银河系的中心就有那么一个，其质量高达太阳的一百万倍到十亿倍。

所以这些超级黑洞的由来，科学家们还不得而知。但它们的存在，使我们猜测类星体可能是星系中心巨型黑洞的早期形式。类星体被认为是一种星系核（AGN），它旋转着并像巨型的发动机一样向周围射出巨量的电磁辐射。那么为什么说它们是早期的星系中心呢？这些类星体或者星系核最老的离开我们有 120 亿光年那么遥远，也就是说，它的年龄应该有 120 亿年。这就可能是宇宙早期的一个年轻星系的样子了。

至于是先有星系，还是先有星系中心的那些超级黑洞呢？现在一般认为，它们是同时形成的。

在 NGC4261 星系的中心，哈勃望远镜和其他望远镜都发现了吸积盘（图右）和高能气体喷射流（图左）。

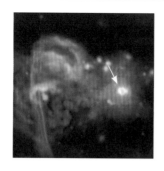

图中的箭头所指，就是银河系正中心的超级黑洞。图中红色部分是射频辐射，绿色表示红外线，蓝色是 X 光辐射。

钱德拉在 20 世纪 70 年代重新考虑了致密恒星的问题，并且根据广义相对论提出了一个黑洞理论。在 1983 年，73 岁的他出版了《黑洞的数学理论》，至今仍是这一领域中的经典著作。同年，他因早年的贡献获得了诺贝尔奖。

宇宙中的一种吸尘器，而还应该是一个发动机。

在霍金的脑海中，他看到黑洞将外部的东西连同它们的信息一起吞噬进去，从而变得越来越大，然后还时不时地把它们中的一部分以新的信息形式辐射出来，而且黑洞的尺寸越小辐射的能量就越高。按照他自己的话说："如果把一个人送进黑洞，那么就连组成他的原子也出不来了，但是他的质量（即能量）还会被辐射出来。"

只要宇宙真的存在，它就如同人们所说得那样大。
——皮特·海恩（Piet Hein, 1905—1996）丹麦诗人，设计师，发明家

自从 1990 年哈勃太空望远镜被送入太空以来，天文学家在研究过的每个星系中都找到了高能量的中心——包括我们银河系在内。这些高能区域拥有黑洞的一切属性，它们中的每一个都有太阳百万倍的质量。21 世纪发射升空的红外线望远镜可以穿过星际尘埃窥视星系的中心，并最终确认了黑洞的存在。现在我们已经知道了不同大小的黑洞，我们关于宇宙的图景正在快速扩大。

而对于先前还未能解释的类星体，科学家们则倾向于相信，它们的光芒来自于那些正在吞噬周围气体和恒星碎片的旋转黑洞的吸积盘。这些被吸入的物质在旋转着奔向黑洞边际线时，被剧烈地压缩并释放出大量的光辐射，其光芒盖过了大多数星系的亮光。类星体的巨大质量使它们不可能是从单个恒星演化而来的，它们中的一些是如此遥远，它们的星光到达地球需要至少 20 亿年。也就是说，我们看到的是亿万年前宇宙更年轻时的样子——那些新生的星系的光芒。

探索天空的后见之明

2005 年 7 月，天文学家同时用光学、X 光和射电望远镜观测到了 20 亿年前两颗恒星相撞的场景（别忘了，当你看到一颗恒星的时候，那是许多年前它的样子，因为它射来的光已经在路上走了好多年啦）。

天文学家们是根据此前异乎寻常的宇宙中射来的 γ 射线而追踪到这次碰撞的。γ 射线是电磁波中能量最强的一种，这种 γ 射线爆发的来源曾经一度是个谜，现在我们基本上认为它是巨型恒星持续爆炸而带来的产物。γ 射线爆发意味着黑洞正在形成。

这张太空的图片记录了美国宇航局高能粒子瞬态探测器（HETE）拍摄到的 γ 射线的爆发。三天后，钱德拉空间望远镜探测到了后续的 X 光辐射（右下角插图），从而确定了这一爆发的确切位置——在一个距离我们 20 亿光年的涡旋状星系的边缘。

"这可绝对是件了不起的事。"芝加哥大学的唐纳德·兰姆（Donald Lamb）在《纽约时报》上的一篇文章中写道。这次恒星大碰撞给整个天文学界带来空前的热情，因为大碰撞所释放的光芒要比一千万亿个太阳还要耀眼。

在那次碰撞后，物理学家们预计将看到一个超级黑洞的形成。另一方面，它会不会激起巨大的时空波纹——引力波呢？一个名叫 LIGO 的新型探测器正拭目以待。

美国宇航局的斯威夫特空间望远镜可以捕捉 γ 射线爆发，并且同时记录其 X 光、紫外线和可见光辐射，使我们获得黑洞诞生时的多重画面。γ 射线爆发通常在超新星爆炸和恒星崩塌为黑洞时发生。插图是斯威夫特探测器的官方标志。

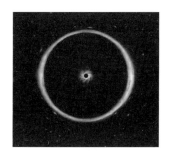

黑洞所产生的巨大引力，会使经过它的光线发生明显弯曲，从而形成一个引力透镜。在这幅艺术作品中，黑洞背后的星系所发出的光线被黑洞的引力弯曲成了一个圈，叫作爱因斯坦环。引力透镜弯曲的光线，有时会形成多个图像。

这幅艺术作品根据星系演化探测器观测到的一次事件而创作，描绘的是一个超级黑洞将一颗太阳大小的恒星慢慢吸入的场景。这颗恒星（最左边）被引力撕开，成了中心的黄色内核和几部分碎片，然后盘旋着进入黑洞中心。恒星的碎片通过摩擦产生高温，同时伴随着高能的光辐射，直到它淹没至黑洞的边界。

正如一些物理学家所说，类星体是一个星系在形成的早期其中心处的样子。当它们中心的黑洞随时间的流逝而逐渐长大时，类星体激烈活跃的程度就会逐步减弱，而周围的星系就逐渐显现出现在平静的常态。如果这种认识是正确的话，质量超级巨大的黑洞就应该比比皆是。事实上，越来越多的观测结果正在支持这种看法。

天体物理学家们把巨大的黑洞叫作"活动星系核"（AGN），类星体就是活动星系核的一种。那么难道就没有离我们近一些的类星体存在吗？至少现在还没有发现。在距离我们 10 亿光年以内的星系的中央，都存在着巨大的黑洞在吞噬着周围的恒星，但是没有一个能够在规模上与遥远的类星体比肩。这就告诉我们，宇宙在年轻时有着更高的能量。

而至于霍金和索恩打的赌，现在可以说霍金已经认输：天鹅座 X1 围绕着的确实是一个黑洞。

引力波

> 根据广义相对论,一个有质量的物体在振动时,将会发射引力波……然而,它们只携带有极其微小的能量,所以极难探测到。
>
> ——毛罗·达尔多(Mauro Dardo),意大利物理学教授,《诺贝尔奖得主和20世纪的物理学》

> 每当空间被剧烈地扭曲扰动,引力波就会产生。这种波并不以光那样的方式在空间中传播,而是空间本身扰动的传播。这种效应可作为一种极强的探测手段。
>
> ——马西娅·巴图夏克(Marcia Bartusiak),美国科学作家,《爱因斯坦未完成的交响曲》

列温斯顿坐落在路易斯安那州密西西比河畔的松树林中,在那里工程师们铺设了两根直径 1.2 米、长 4 千米的钢管,它们形成了一个巨大的"L"形。钢管内被抽成真空,如同星际空间一般。

就在这个"L"形结构的拐角处,一束激光被分束器分成两束,分别射向两根管道。管道末端有两个带反光镜的、可以沿

鸟瞰列温斯顿的激光干涉引力波观测仪(LIGO)。整个设施规模宏大,横亘在整个路易斯安那州的整片森林中。

LIGO 将一束激光（1）在 L 型构造的拐角处（2）分成两部分，然后分别射向两臂最末端的两面反射镜，经反射的两束光最后进入光电探测器（4），并被记录下来。如果引力波改变了其中一个臂的长度，那就会有一点光被转移到光电探测器（4）上。亚当·弗兰克在《天文学》杂志中写道："利用这一装置，我们应该可以观测到极其细微的距离变化。精确程度大概相当于——即使土星到太阳的距离改变了一个氢原子的长度，也能够被观测到。"

两列或者两列以上的波相叠加就会产生干涉图样。干涉仪是指任何一种测量这种干涉图样的仪器。这里的图中，头戴式耳机中振膜的振动所产生的声音，就会使激光束发生干涉，然后计算机将膜的振动记录描绘出来。研究者所带的护目镜是用来防止激光灼伤眼睛。

LIGO 是一个世界性的科学合作研究项目。另一个法国和意大利联合运作的干涉仪 VIRGO 则位于意大利的比萨。而另一个英国与德国合作的项目 GEO600 则位于德国汉诺威。日本的 TAMA 在东京附近。另一个 AIGO 则靠近澳大利亚的珀斯。

着管道在水平方向上自由滑动的重物。激光束可以被它们携带的镜子反射回来。经过许多次来回反射后，再重新汇合成一束。由于"L"形两臂等长，所以可以在它们汇合时，设法使其中一束光波的波峰恰好和另一束光的波谷重叠，从而使两束激光相互抵消。此时，探测器接收到的光信号强度为零，这样重新汇合的过程叫作干涉。如果一个臂长稍有变化，哪怕极其微小，两个信号也就不会完全抵消，激光探测器会收到一个小信号，表示干涉信号发生了变化。这样，通过观察光的干涉图像的变化，人们就可以探测重物极其微小的移动了。

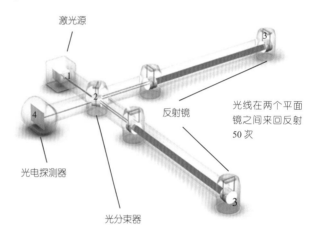

激光源
反射镜
光线在两个平面镜之间来回反射50次
光电探测器
光分束器

上述这台 L 形的干涉仪其实在原理上与迈克耳孙和莫雷著名的干涉仪实验是完全类似的，只不过现在的这台利用了激光以及更长的光路而已。而这台干涉仪到底要追踪什么引起的微小位移呢？这就是引力波：一种时空中的波纹。

这一研究项目叫作 LIGO，即激光干涉引力波观测仪。除了以上这台设备，它还包括 3 200 千米外华盛顿州的另一套完全一样的装置。这样，通过比较两台设备的实验结果，就可以很好地排除那些装置附近的其他因素带来的干扰了——任何来自太空的引力波信号应该被两套设备同时观测到。运行这两台设备的是加州理工学院和麻省理工学院，以及国家科学基金会。而参与这方面国际合作的包括世界各地的多座引力波观测仪。如果像爱因斯坦的理论所预言的那样，引力波以光速传播，那么引力波在世界各地被探测到的时间先后顺序就能够帮助人们确定它们传播的方向。

那么人们究竟为什么要花那么大的力气来探测引力波呢？过去，可见光几乎是人们观察宇宙的唯一手段，宇宙带给我们的只是一幅星罗棋布的宁静景象。这是一个由无数闪耀的恒星和在预定轨道上运行的行星构成的宇宙。从 20 世纪 50 年代开始，射电、X 光、微波、γ 射线以及红外线望远镜逐步用于天文观察，每一种观测手段覆盖电磁波的一部分波段。平静宇宙的表象被粉碎，人们开始认识到宇宙的暴戾和瞬息万变。但这一切都还只是用电磁波来进行的观察。而宇宙中大部分的电磁波都来自引力相对比较弱的区域，比如恒星的表面。而对于那些宇宙中引力集中的地方，比如黑洞附近、黑洞互相冲撞的地区、新生的中子星，乃至宇宙大爆炸本身，我们都知之甚少，电磁波所能带给我们的信息也极为有限。

这就是人们开始探寻引力波的一个重要原因。我们需要了解那些引力十分强大以至于牛顿公式都失效，必须用爱因斯坦公式的地方，以及物质和时空以接近光速振荡和旋转的地方。在这些高引力的地方，沉重的物质层和在高温下被剥离电子的原子所构成的等离子体都会阻挡电磁波的辐射，而引力波却不会被这些障碍所阻隔。通过观测引力波人们就有望得到一幅全新的宇宙图景。

根据广义相对论，宇宙中的扰动将在时空结构中引起波纹，并随之向外传播。比如，一次天体碰撞就将使周围的时空发生剧烈的震荡，从而发射出巨大的引力波，就好像扔到水面上的东西激起的涟漪一样。然而，要探测到这种引力波却十分

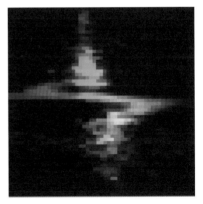

和电磁波一样，引力波很可能也不能逃脱黑洞。为此，我们也得利用一些间接的办法，如上图所示的 M84 星系中央发出的折线形谱线。这种弯折是恒星的转动造成的，也许与超级黑洞的存在有关。如果没有黑洞的话，这幅图应该是没有弯折仅仅沿一条竖直线。

等离子体是电子和电离后的原子在很高的温度下所构成的物质（恒星内部就是这样）。大爆炸后的早期宇宙就处在这样的等离子态。一个关键的问题是，引力波可以穿越等离子体，而电磁波却不能。所以如果要追溯宇宙初期的摸样，引力波就是一个重要的手段了。引力波还能给我们带来恒星中央的信息，而电磁波却不能，因为它们无法穿透恒星外围的等离子体包层。

困难，因为当它们到达地球时都已经衰减成极其微弱的振动，以至于到现在为止最灵敏的设备都没能探测到。而下一步就轮到类似 LIGO 那样的干涉仪装置来做出尝试了。

引力波的来源有哪些呢？一般而言，它们都来自宇宙中最激烈的事件，比如恒星的燃料耗尽成为超新星时所伴随的剧烈爆炸，又比如两个黑洞之间，或是黑洞和中子星之间发生的撞击，都将产生剧烈的能量和伽玛射线释放。引力波也可来自宇宙初期的大爆炸，如果人们能够找到它的余波，就能够直接窥见开天辟地的瞬间了。

引力波的波纹从波源向各个方向传播开去，就像水波一样。

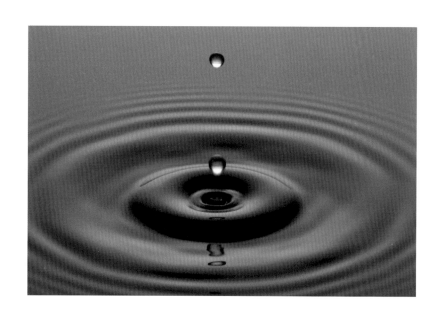

非常轻微的来自宇宙的振颤？是的，相当的轻微。根据爱因斯坦曾被反复检验的引力场方程，如果离我们 10 亿光年远的两个 10 倍太阳质量的黑洞合二为一，它们产生的引力波到达地球时只会将海洋移动 10 个原子核直径的距离！

约在 17 万年前，穴居人和晚期智人还在地球上行走时，邻近我们的星系大麦哲伦星云中一颗现在被叫作桑杜列克的明亮恒星发生了超新星爆炸。宇宙中的恒星爆炸虽然司空见惯，但是像这种用肉眼就能直接观察到的却十分罕见。而且，大麦哲伦星云虽然是和我们比邻的星系，它的光传到地球也需要 17 万年。就这样，地球上的原始人和猛犸象都没能看见这一恒星毁灭的奇观，而最终到了 1987 年，人们终于仅凭肉眼就看到了这次超新星爆炸。那时，全世界的望远镜都指向了那里，人们用望远镜观察到了比用肉眼更多的有关超新星爆炸的细节。天文学家作了精确测量，并对这颗远古的超新星发出的电磁波做了记录。

桑杜列克的名字来源于1970年美籍罗马尼亚裔天文学家尼古拉·桑杜列克（Nicolae Sanduleak，1933—1990）。他将这颗星列为蓝色超巨星。当时他还未意识到自己能够幸运地观测到这颗恒星的爆炸。上图就是钱德拉X光望远镜看到的这颗星爆炸后的残余。

那么这些跟引力波究竟有什么关系呢？根据爱因斯坦的理论，当桑杜列克恒星爆炸时，一定会产生引力波。正如一位科学作家巴图夏克所描述的："这颗恒星的内核在爆炸前的一瞬间被压缩成（直径）不到20千米大的一个球体，在这个极端致密的球体中，体积相当于一滴小液滴的物质就可能重达5亿吨，这大概相当于所有人类的总质量……"而就在那个交织着收缩、

宇宙中的光线在不断地被宇宙中爆炸的碎片包括恒星、气体云和尘埃微粒所吸收。然而，引力波却可以自由穿过这些碎片，因为它与物质的相互作用太弱了。所以，通过引力波所观测到的宇宙，将与现在天文学家们仅对光等电磁波看到的大不相同……而且，引力波将最终验证爱因斯坦的重大思想成就，即时空本身也是一种物理实体。

——马西娅·巴图夏克，《爱因斯坦未完成的交响曲》

当星星撞到黑洞

2005 年 7 月 9 日，包括美国宇航局的高能瞬态探测卫星 HETE、钱德拉 X 光空间望远镜和哈勃太空望远镜在内的多颗卫星观测到了后来被认为是一颗中子星撞击黑洞的景象。这么大规模的碰撞以前只在理论上考虑过，亲眼目睹还是历史上的第一次。

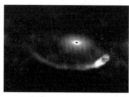

上图是一张美国宇航局的示意图，描绘的是黑洞吸引、扭曲、粉碎并吞噬一颗中子星的全过程。我们已经观测到最后一张图所描绘的景象——短暂而剧烈的 γ 射线爆发，然后伴随着一些频率稍低一些的电磁波辐射（如 X 光）。新一代以 LIGO 为代表的探测器，应该可以在这些事件所发射的引力波到达地球时探测到它们。

当这颗中子星的物质被吸入黑洞时，其引发的大爆炸将大量的等离子体（主要是电子和电离后的原子）和 γ 射线射入太空。这次大碰撞发生在 20 亿年前，它的光芒用了整整 20 亿年才从那个遥远的星系传到地球。我们可以找到并且观测这次大爆炸本身就是现代天文学的巨大成就。

崩陷的恢弘的恒星垂死的过程中，致密的中子星即将诞生，而这一超新星爆炸必将造成周围时空的剧烈震荡，从而在时空的池塘中激发出强烈的涟漪。

虽然那时的人没有能够探测到桑杜列克所产生的引力波，但是我们对这种引力波的存在深信不疑。引力波在宇宙空间的所到之处，时空必然受到震荡。但是由于引力波随着传播距离的增加会迅速减弱，这使得地球上的物质只会随着引力波的经过而轻微地摇摆。但是，当年桑杜列克的引力波抵达地球的时候，大地山川和海洋一定曾因此而十分微弱地伸缩摇动过。我们没能观测到的原因是引力波探测器当时还没有准备好。而今天我们则期待着这类事件的来临以便进行测量。

和引力波紧密联系的，是这种波所对应的粒子，它叫作引力子。量子物理告诉我们波就是粒子，而粒子就是波——它们是同样的东西。所以许多科学家认为，如果引力波存在，引力子也一定存在。这是用量子物理学的观点来考虑爱因斯坦的广义相对论之后得出的必然结果。当然，即使发现了引力波，那也并不意味着发现了引力子，就好比发现了无线电波并不意味着它所对应的粒子（即光子）也被发现了一样。

这三台合在一起叫作激光干涉空间天线探测仪（LISA）的宇宙飞船，将跟在地球后面随地球一起绕着太阳运转。它们在相互距离几百万千米远的情况下组成一个等边三角形，相互射出激光，从而可以比地球上的 LIGO 以更高的灵敏度探测引力波。

前文提到的 LIGO 是被用来探测千分之一费米（1 费米 $=1 \times 10^{-15}$ 米）的位移，这相当于人头发丝粗细的 1 万亿分之一。这虽然听起来很厉害，但是，另一个计划于 2015 年发射升空的叫作激光干涉空间天线探测仪（LISA）的仪器将更为灵敏。三颗卫星将在太空中形成一个等边三角形。它们将在 5 百万千米的距离（LIGO 只有 4 千米）上互相射出激光而形成干涉。这将使这种仪器能够测量比质子直径的千分之一还要小的位移。和地球上的同类仪器相比，它将感知到频率低得多的引力波，从而可能探测到两颗中子星互相吸引而毁灭时释放的引力波，或者追踪到宇宙早期的引力波（其频率还不能预知）的痕迹。

所有这些努力是否是值得的呢？答案是肯定的。爱因斯坦的广义相对论在 1916 年就预言了引力波的存在，直到 2015 年，LIGO 首次确定探测到引力波的存在。两名普林斯顿大学的天文学家通过对两颗围绕对方运转的中子星的观测，发现它们正在失去能量，其数量刚好等于释放引力波所需的预测量。并且因此获得了 1993 年的诺贝尔奖。如果 LIGO 项目中的科学家能够追踪到恒星爆炸所带来的引力波，那将大大增进我们对宇宙的理解。如果说电磁波只能让我们看到宇宙诞生几十万年以

我们现在主要是通过观测电磁波的能量来观察宇宙的，包括可见光波和射频电波。而现在物理学家正设法通过引力波来观察宇宙的另一番景象，这正是建设 LIGO 的一大原因。

两颗相互围绕着旋转的恒星（下图）或黑洞（左图）会产生时空的涟漪，而当这种涟漪到达地球时，理论上我们可以通过探测它们来确定这两颗天体的位置和性质。宇宙中的 J0806 双星系统由两颗白矮星构成。根据爱因斯坦的理论，它们会在相互环绕的过程中通过辐射引力波而失去能量，于是更加紧密地环绕对方运动，直到合二为一。

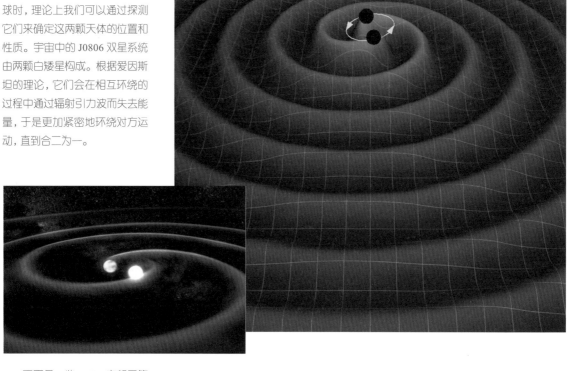

下面是一些 LIGO 有望回答的问题：

- 引力波是否以光速传播？
- 它们在传播过程中会不会使物体发生位移？
- 它们能否给我们提供更多关于诸如黑洞、超新星和大爆炸的信息？

后的图景的话，科学家们预测，宇宙诞生时产生的引力波将可能让我们了解到大爆炸发生后 1 纳秒的时代，从而让我们更深入地理解如黑洞那样的巨大天体，以及宇宙的未来。

LIGO 与引力波的发现[①]

2015 年 9 月 14 日，美国的两处 LIGO 首次同时探测到由两个黑洞碰撞所产生的引力波。爱因斯坦广义相对论的这一预言在近一个世纪后终于得到证实。此后，于 2015 年 12 月和 2017 年 1 月这两处 LIGO 再度探测到引力波。2017 年 8 月美国和欧洲的科学家们又同时探测到距离地球 18 亿光年处的两个黑洞合并时产生引力波。三位在 LIGO 探测中作出杰出贡献的科学家赖纳·魏斯（Rainer Weiss）、巴里·巴里什（Barry Barish）、基普·索恩获得 2017 年诺贝尔物理学奖。

---

① 译者注：此内容为译者添加。

你身边的相互作用

四种基本相互作用

按从强到弱排列，这四种相互作用是：

1. 将原子核中的粒子聚集在一起的强核力，传递这种相互作用的粒子叫作介子，用符号 π 表示。
2. 使原子之间发生相互作用而聚集成分子的电磁力，同性电荷相斥，异性相吸。
3. 控制放射性衰变的弱核力。两个粒子要产生弱核力，它们必须交换一种叫作 W 玻色子的粒子。
   而图中的粒子 ν（希腊字母，读作"纽"）表示中微子，e⁻ 表示放出的电子。
4. 大质量物体才需要考虑的万有引力。

在 亚里士多德的时代过去 2 400 年以后，我们可以说，看来有四种基本的力在维持着整个宇宙的运转了。而且，其中两种是只有当我们深入原子核内部才能够找到的。

万有引力、电磁力，再加上所谓的强核力、弱核力。虽然力是个通用的字眼，但是更确切，还是应该叫它们相互作用比较好，因为这种说法揭示了一切力的本质。

每一种相互作用都伴随一种粒子：电磁力对应的是光子，强核力是介子，弱核力是 W 或 Z 玻色子，而引力则是引力子。其中最后一种引力子到现在还从没有在实际中被发现。

引力存在的本质是质量使周围的时空发生了弯曲，以及物体对周围弯曲时空作出的响应。正如广义相对论专家约翰·惠勒所说："时空决定了任何有质量的东西该如何运动；而质

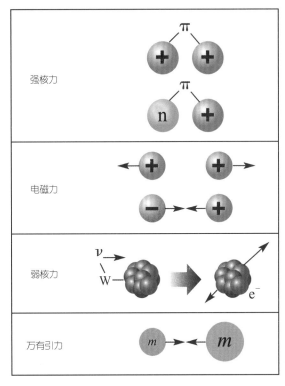

这是四种基本相互作用（或者力），按强弱从上到下依次排列。（图中的 n 表示中子，m 表示质量。）

你注意到在这本书里 "力" 和 "相互作用" 完全是相同的意思。吹毛求疵的人也许认为，用相互作用比用 "力" 更加严格一点。

量又反过来决定了时空如何弯曲。"

引力的一个特色是它永远只吸引而不排斥，它还可以累加，也就是说多一份质量，就多一份引力。而且一般认为引力可以延伸到无穷远而连绵不绝。但是引力却是四种相互作用中最弱的。每当你捡起一枚钉子，那么祝贺你，你已经征服了整个地球对它的吸引。

麦克斯韦所得出的方程组将电力和磁力统一到了一起，叫作电磁力，这是一种比引力强得多的相互作用。它将电子束缚在原子中，并将原子聚集在一起形成分子。但是，电磁力却不能像引力那样叠加，因为正电荷、负电荷，以及南磁极和北磁极都会相互抵消。

无线电波、可见光、X 光和 γ 射线都是不同频率的电磁波。电磁相互作用到了纳米的尺度上，就应该用量子电动力学来描述，后者的建立在科学上可是有好些故事可说的。量子电动力学告诉我们，像电子那一类的粒子在原子中是如何和光子发生相互作用的。有了这些知识，我们就可以解释超导体在超低温下的电磁性质，以及带电粒子是如何碰撞的。

因为同种电荷会相互排斥，所以物理学家一开始无法解释，为什么带正电的质子能够被束缚在那么小的原子核中。那表明，必须有一种力量克服电磁的排斥作用才行。几十年以来，这种力都被叫作核力，其强度应该超过质子之间的电磁斥力。而这种力是通过传递一种叫作介子的粒子来实现的。在原子核的尺度下，质子间的距离非常小，所以通常认为这种核力的大小要相当于电磁力的约一百倍才行。

就在最近，我们发现中子和质子自身也是由更加基本的粒子构成的，那就是夸克。夸克之间的相互作用是通过传递一种叫作胶子的粒子实现的。所以，一般认为胶子所产生的相互作用才是把质子聚集在原子核中的强核力的本质。

现在知道，强核力的大小是电磁力的 137 倍，但是这种力的作用范围不会超过原子核的大小，也就是说，它是一种短程力，如果作用力程再长一点的话，恐怕旁边别的原子的原子核也要被拉进来，原子也会不复存在了。由于强核力的作用范围，原子有它一定的尺寸，不能再小。

弱核力大约为电磁力的一千亿分之一，但是还是比引力要强。它的作用范围甚至比原子核还要小。恩里科·费米（Enrico Fermi）在 1933 年首先发现了它，那时他在考虑为什么有的原子会放出电子而成为新的元素，也就是一种叫作 β

引力指南

1. 牛顿说，引力是一种在一瞬间从一个物体发出，并作用在另一个物体上的力。

2. 爱因斯坦说，引力虽然看上去像是作用在一定距离上的力，但本质上是物体对周围弯曲时空的反应。一个像地球或者太阳那样具有巨大质量的物体，会在附近产生一个巨大的时空凹陷，而且离开它越远，凹陷所产生的坡度就越平缓。一旦像人造地球卫星或者月亮那样的小物体进入这样的弯曲时空中，还是会按着惯性"直走"。

3. 但是在弯曲的时空中如何"直走"呢？那就看看爱因斯坦弯曲时空中的一小块区域吧，在这个局部范围内时空看起来还是平坦的。于是一颗卫星还是笔直走过这一小块区

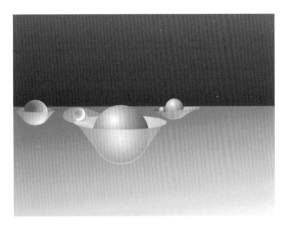

质量使时空发生弯曲。这种弯曲的时空可使两个重物彼此"滚"向对方，形成轨道运动。

域的。然后，如果把一块块很小的区域拼接起来，我们就可以想象出那颗卫星在每一小块都是直走，但从一小块到另一小块时稍稍颠簸了一下，于是导致整个轨道却在慢慢转弯了。地球绕着太阳运转正是它在太阳所形成的弯曲时空中沿这样的一小段一小段直线行进的结果。

4. 引力透镜的现象就在告诉我们，宇宙看来确实是到处充满着连续和弯曲的时空。然而透镜效应即使在引力的静态中心范围内也会发生。

5. 时空的弯曲可以像水中的涟漪一样荡漾开去，形成引力波。

6. 引力波又总是伴随着粒子而出现的。就像光子总是伴随着电磁波那样，物理学家们也假设了一种伴随着引力波的粒子，叫作引力子。但由于引力实在是太弱了，所以引力子至今仍未被发现。

7. 时空弯曲由质量造成（见上面第2点）。而质能方程 $E = mc^2$ 表明，质量和能量是可以转换的。所以，地球围绕太阳运动不是由于太阳的引力，而是由于其是在太阳质量造成的弯曲时空中沿直线前进。

引力波不能从一点瞬间传递到另一点，而是从一点向四面八方以有限的速度传播开。

衰变的放射性现象。除了放射性现象以外，弱相互作用也出现在核聚变中。太阳就是在氢聚变成为氦的过程中，通过弱核力得到能量的。

1967 年，美国的史蒂文·温伯格（Steven Weinberg）、谢尔登·格拉肖（Sheldon Glashow），巴基斯坦的阿卜杜勒·萨拉姆（Abdus Salam）和其他一些物理学家把弱核力和电磁力统一成了一样的数学形式，所以这两种力可以统一叫作电弱力。这也是为什么现在许多物理学家也讲只有三种基本相互作用的原因。这里的一个非常重要的思想是，包括引力在内的所有这些相互作用都具有波粒二象性，可见波粒二象性是宇宙的一种本质属性。那么这些相互作用之间到底有些什么关系呢？为了回答这个问题，科学家们就得回到宇宙诞生的时刻，因为他们相信那时这几种相互作用还是同一种力。事实上，如何把包括万有引力在内的所有相互作用统一成一个，也就是所谓的大一统理论（TOE，也可称 GUT），还是目前科学界最大的课题之一。

是不是会有那样一种大一统的"超力"，把万有引力也纳入其中呢？大多数科学家认为是可能的。如果我们发现了超力的奥秘的话，那星际旅行是否也就会成为日常生活的一部分了呢？时间将会给出答案。

现在还没有能够以接近光的速度飞到其他恒星去的星际飞船，但这并不影响艺术家用他们的画笔想象这种旅程！

大爆炸的余温

> 宇宙中的事件并不是偶然的，而是遵循着少数的自然规律——那些能在实验室中发现的规律。天上的一切事件就像地上的一切事件一样，以理性和有序的方式发生着。
>
> ——詹姆斯·特赖菲尔（James Trefil），美国物理学家，《宇宙的暗面》

> 对宇宙大爆炸最大的误解就是，在广袤空间中突然生出一大团物质来。其实，不仅物质，就连空间和时间本身也是大爆炸产生的。
>
> ——斯蒂芬·霍金，英国物理学家，摘自约翰·波斯罗（John Boslough）《斯蒂芬·霍金的宇宙》

> 在 1965 年，科学家第一次看见了万物产生的瞬间。宇宙的背景辐射，这种来自天空各个角落的微弱的微波，是宇宙婴儿时的快照。
>
> ——查尔斯·塞费，美国科学作家，《阿尔法和欧米伽：宇宙起源和归宿的探寻》

回溯到第二次世界大战后的 1948 年，乔治·华盛顿大学的俄裔美籍物理学家乔治·伽莫夫和约翰·霍普金斯大学的拉尔夫·阿尔弗（Ralph Alpher）写了一篇重要的论文，并且说服康奈尔大学的著名物理学家汉斯·贝特（Hans Bethe）在上面也署了名。

这三名作者姓的首字母（Alpher，Bethe，Gamow）正好构成了希腊字母表中的前三个字母（α，β，γ），而且一贯爱开玩笑的伽莫夫故意选择在愚人节这一天发表他们的论文。也许正因为这一缘故，人们没有把它太当一回事。然而，事实表明，他们三人所指明的方向是正确的，这是窥见宇宙起源所做的最初的努力之一。

并非神话

随便拿一本写宇宙起源的科学书，里面大概都能找到类似下面的话［出自物理学家尼尔·德格拉斯·泰森、查尔斯·利乌（Charles Liu）和罗伯特·伊里翁（Robert Irion）］："在关于宇宙诞生的所有可能的剧情中，宇宙大爆炸是科学证据最为充足的。"

至于科学证据么，难道会有证明 137 亿年前发生的一件事的证据吗？但确实有证据，这就是这一章和下一章要讨论的内容。

古人坚信太阳是亘古不变的。但是 1853 年一个叫赫尔曼·冯·亥姆霍兹（Hermann von Helmholtz, 1821—1894）的科学家意识到，是恒星中某种燃料的燃烧使它们获得能量，所以它们也有油尽灯枯的一天。康奈尔大学的德裔美籍物理学家汉斯·贝特（1906—2005）因弄清了这种燃烧的机制——核聚变——而获 1967 年诺贝尔奖。

对于初期宇宙，他们三个都具有深厚的专业背景。伽莫夫曾是俄罗斯圣彼得堡大学教授亚历山大·弗里德曼的学生，而弗里德曼是最早意识到宇宙在膨胀的科学家之一。阿尔弗是伽莫夫在美国的研究生，专门研究简单粒子如何形成原子。贝特则已经发展出了一套理论，以解释恒星中产生能量和化学元素所需经的步骤。

曼哈顿计划（制造核弹）的研究也大大丰富了他们对聚变和粒子合成方式的认识。这些物理学家的工作是富有远见的，事实上，他们已经开始描绘宇宙最初的样子了，并为后来的物理学家提供了坚实的基础。他们意识到，初期的宇宙应该是以一团由极炽热的微观粒子（电子和夸克）组成的稠密等离子气体。在那种环境下，粒子只能相互撞击，而不可能形成更大的东西，比如原子。

宇宙在诞生之初有几万亿摄氏度。这幅示意图用各种色彩描绘了大爆炸后百万分之一秒内那团等离子体中的丰富成分：夸克（红色、绿色、深蓝色），反夸克（浅蓝色、粉色、黄色），电子和玻色子（褐色），以及胶子（其他颜色）。就在一秒钟后，温度就冷却到了几百亿摄氏度（仍然比现在温度最高的恒星还热），而夸克也就随之组合成了质子和中子。

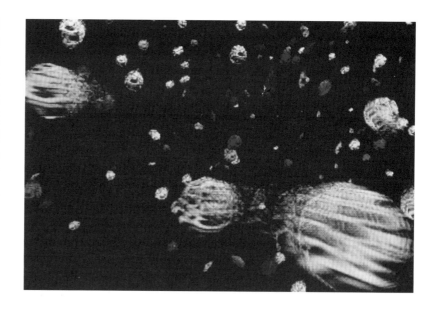

但是当气体开始膨胀时，温度就会随之降低。宇宙立即开始膨胀，夸克开始三个一群，聚集成了中子和质子，它们统称为重子。电子和重子相互作用产生光子（电磁辐射）和耀眼的光。（《圣经》第一卷"创世纪"这样描述："上帝说，让光出现吧，于是光就出现了。"）

正如阿尔弗和伽莫夫在他们的论文里所说的："各种各样的原子核素起源于原始物质的剧烈膨胀和冷却的过程。"这里的核素，并非原子核本身，而是组成原子核的质子等更小的成分。当温度进一步降低时，质子和中子开始聚集成氘核，这是一种氢的同位素，包含一个质子和一个中子。然后核聚变的过程使质子和中子进一步组成氦原子核，包含两个中子和两个质子。这个爆炸过程提供了现存的大多数氦元素。

中子

质子

重子是组成物质的一种微粒，像质子和中子，都由三个夸克组成。

重子中的三个夸克通过强核力聚集在一起。旁边密密麻麻的云雾表示虚拟胶子的交换。强核力通过这种交换得以调节。

现在宇宙中大约98%的物质仍然是氢和氦。这两种元素（包括少量的锂）是大爆炸最早的产物。随后出现的是通过宇宙射线而产生的铍和硼。碳后面一直到铀的那些元素都是由恒星内部的核反应和之后的恒星爆炸产生的，然后再散布到宇宙各处，形成新的恒星。

氘核

当温度继续下降，等离子气体中各部分的相互作用进一步弱下来时，电子才能和氢核或者氦核结合，宇宙中最早的原子诞生了。只有当电子被原子核束缚起来的时候，光子才能够

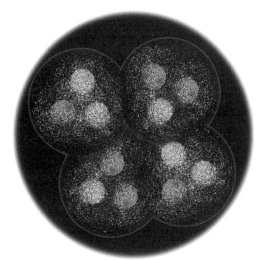

氦核

夸克示意图

上夸克

下夸克

科学家们将原子刚刚产生的时期叫作"重组时期"。当然，"重组"并不意味着以前曾经组合过，这是开天辟地以来电子与原子核的第一次组合。

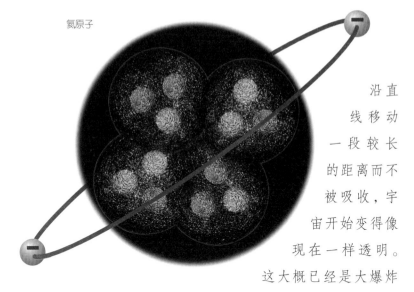

氢原子

氦原子

沿直线移动一段较长的距离而不被吸收，宇宙开始变得像现在一样透明。这大概已经是大爆炸以后 38 万年的情况了。

但这时候还没有发光的恒星，由于没有星光，宇宙一片昏暗。这一时期后来被称为宇宙的黑暗时期。慢慢地，十分缓慢地，宇宙密度的微小变化使物质聚集成团。这些团不断凝聚、收缩而变热，直至核反应过程开始点燃恒星。于是，恒星开始发出光芒，宇宙的黑暗时期结束了。现在我们所看到的物质到处聚集成星辰的宇宙，是经过非常漫长的过程形成的。

通过哈勃望远镜传回的数据，科学家们不仅得以绘制出宇宙中正常物质的分布（下左图中越亮的部分代表密度越大），而且还第一次绘出了暗物质的分布图。与此同时，斯皮策红外太空望远镜还探测到了据称是来自恒星刚刚形成时期的宇宙的红外线（下右图）。灰色斑块是前景中遮挡的恒星被人为移除掉的地方。

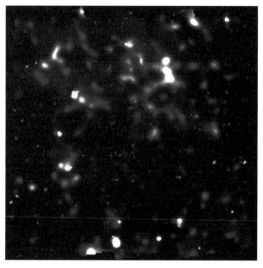

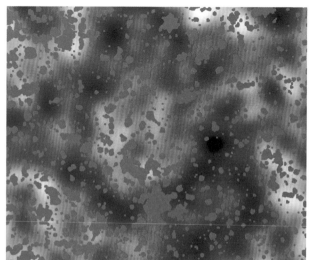

当然在 20 世纪 40 年代，上述的三名科学家还没有弄清楚所有这一切。到了 1948 年，阿尔弗和他在约翰·霍普金斯大学的同事罗伯特·赫尔曼（Robert Herman）写了第二篇关于初期宇宙的论文。其中提到，在宇宙刚刚脱离一团等离子气体的模样时，光子刚刚开始能够自由运动。

阿尔弗和赫尔曼相信，这些光子，它们不可能走出宇宙，也不可能走远，这些远古的光子可能现在还在我们周围。就像篝火的余烬还会持续发光一样，这些宇宙初期的光辐射可能还存在着。

这些在 130 亿年前宇宙初期爆发时产生的 γ 射线是波长短、频率高的光子，它们的波长当然应该随着宇宙的膨胀而变长。循着电磁波谱，它们先变成了 X 射线，然后是紫外线、可见光、红外线，最后是波长更长、频率更低的微波。阿尔弗和赫尔曼认为，这些微波射线可能还在从宇宙的各个方向照耀着我们。他们甚至还推测出，这些光子现在的温度已经接近绝对零度——物质所能达到的最冷状态。

如果这些微波光子能够被找到，那么宇宙爆炸初期的回响就将是大爆炸理论极其有力的证据。但是在 1948 年，还没有很多人注意到他们的这种理论，而那个时代的技术也不足以探测到这种天外的微波辐射。尽管伽莫夫曾经建议用无线电接收器追踪这种微波，但可惜的是没人有兴趣。宇宙大爆炸的实证几乎是个白日梦。事实上，以上的两篇论文在当时几乎就被淡忘了。

20 世纪 60 年代初期，普林斯顿大学的物理学家罗伯特·迪克（1916—1997）也有了类似的想法。他也认为宇宙中应该存在一些微波射线，它们就是大爆炸的余烬。

"每一天的每一分钟，地球都会接收到来自外太空的光子。它们中的大多数都来自太阳和近处的星星，也就是说，它们都是在几千年内发射出来的。"这是迈克尔·勒莫尼克（Michael D. Lemonick）在《大爆炸的回响》中描述的。他还解释道，宇宙的微波背景，就像没有信号时的电视机上的雪花片一样，是来自最远古的宇宙的电磁波。

"那是什么？那就是大爆炸吗？"

电视看腻了？去找一台用天线的电视机，然后调到一个没有信号的频道，你看到的雪花片中，就有一部分来自宇宙的微波背景。这时，你就在观看诞生初期的年轻宇宙！

与阿尔弗、赫尔曼和伽莫夫一样，迪克意识到，来自130亿年前炽热等离子体的远古光子，在冰冷的微波背景下一定是沿直线传播的。他认为，找到这些光子有助于证明大爆炸理论。他和另外一些普林斯顿大学的同事一起，打算用一些实验来探测这种可能的微波辐射。其中詹姆斯·皮布尔斯（P. James E. Peebles）还写了一篇文章介绍这种微波辐射和大爆炸初期的等离子气体的关系。

1978年的诺贝尔物理学奖被授予发现微波背景辐射的威尔逊（左）和彭齐亚斯，而忽略了迪克、阿尔弗、贝特和伽莫夫的贡献。这两个科学家为了收集纯净的数据还专门去除了"白色的电介质层"——也就是角状天线（上图）中的鸽子粪。

无线电这个词听起来也许有点奇怪，因为无线电波并不同于声波。事实上，它们是低频率的电磁波。而你枕边的收音机和大天线就可以把这种电磁波转化为声音。

与此同时，就在距离普林斯顿半小时车程的地方，两个刚刚研究生毕业的年轻的射电天文学家阿尔诺·彭齐亚斯（Arno A. Penzias）和罗伯特·威尔逊（Robert W. Wilson）（那时还在为新泽西贝尔电话公司工作），正在安装一台三层楼高、号角形状的无线电接收器，用来接收人造地球卫星发出的微波信号。

实际上，彭齐亚斯和威尔逊正把他们的接收器改造成为一台真正意义上的射电望远镜，而且他们计划用这台望远镜来研究银河系光晕发出的电磁波。但是他们很快发现自己的计划遇到了一点麻烦，他们的设备中总是存在一种嗞嗞声，就像老式收音机没有调准电台时发出的那种噪声。即使通过更加精细的调节、改变装置的方向、移走装置上的鸽子窝、加上一个冷却罩等许多努力，他们也没能摆脱这种噪声。无论白天还是黑夜，一年四季，那嗞嗞声都挥之不去，说明这种噪声与地球自转和公转均无关。这令两位年轻的工程师十分沮丧，他们决定找出噪声源。

同样沮丧的还有普林斯顿大学的詹姆斯·皮布尔斯。他写的论文得不到发表，而宇宙的微波辐射在他脑海中挥之不去。皮布尔斯在约翰·霍普金斯大学举办的一次讲座中，谈到了他遇到的难题。当时听众中恰好有一位是彭齐亚斯的朋友。彭齐亚斯通过这个朋友了解到了皮布尔斯的困惑后，立即给普林斯顿大学的罗伯特·迪克打了电话。当普林斯顿大学的物理学家们来到贝尔实验室时，他们很快意识到了，彭齐亚斯和威尔逊听到的噪声就是迪克和皮布尔斯所预言的宇宙微波辐射。彭齐亚斯和威尔逊已经在无意中听到了宇宙婴儿时的声音了。

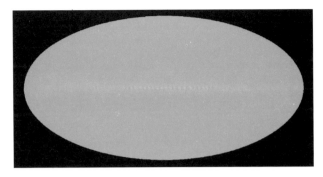

无论天文学家如何调整他们天线的方向，宇宙微波背景辐射始终是存在的。它们来自比最远的恒星还要遥远的远古太空。这是 1965 年得到的太空中的微波背景辐射的分布图。

宇宙初期那些在炽热等离子气体（当时除了暗物质，等离子气体就是整个宇宙）中的光子之海，在宇宙膨胀的过程中已经成了布满宇宙各处的冷辐射（微波辐射）的涓涓细流。这就是大爆炸留给彭齐亚斯和威尔逊的纪念品！

彭齐亚斯和威尔逊的实验结果很快被世界各地的实验室所证实。到了 1989 年，美国宇航局还专门将一个名叫宇宙背景探测器（COBE，Cosmic Background Explorer 的英文缩写）的射电望远镜发射到了太空的轨道上，目的就是以地面难以达到的精度测量这种来自 130 亿年前的微波。项目主持人是约翰·马瑟（John C. Mather，来自美国宇航局戈达德太空飞行中心）和乔治·斯穆特（George F. Smoot，来自美国劳伦斯伯克利国家实验室），他们带领着超过 1 000 名科学家参与其中。

COBE 得到的结果令人叹服。它不仅测量出了这些微波光子所对应的准确温度——比绝对零度高出约 2.73 开，与阿尔弗和赫尔曼在 1948 年的预言十分相近——而且发现，在宇宙的一些地方，这种温度与其他地方相比有一点点不同。现在一般认为，这些地方就是恒星和星系开始出现的地方。在 1992 年，

大爆炸理论告诉我们：宇宙既没有边界也没有中心，在大尺度上，物质在宇宙中是均匀分布的。用科学的语言来讲，宇宙是各向同性的。这种微波背景辐射的各向同性可以精确到 0.5‰。

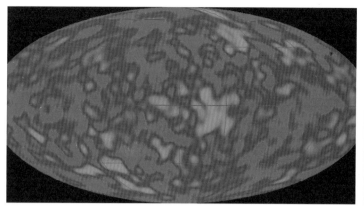

将这些计算机着色的微波背景辐射分布图相互比较，就会发现，图像变得更加清晰了，这都是 COBE（上图）和 21 世纪接替它的 WMAP（下图）的功劳。为什么这些图片都是椭圆的呢？因为在将一幅四维时空图或三维的地球球面画到一个二维平面上时，不产生任何变形是不可能的。为此我们可选取变形最小的投影（可以有多种）方式，称之为椭圆摩尔威德投影。

斯穆特宣布项目组的发现时说："我们发现了宇宙诞生和演化的证据。"项目组还公布了测量所得的整个天空的微波辐射图，显示了温度变化的点。（它们准确定位了未来显示的点。）该图被称为宇宙的第一张"婴儿照"。斯穆特说："它看上去就像刚生成几个小时的胚胎。"

马瑟和斯穆特因为他们的发现获得了 2006 年诺贝尔物理学奖，他们共同分享了 137 万美元的奖金。瑞典皇家科学院对他们的发现的评价是：对大爆炸的假设提供了更多的证据。

到 2006 年，COBE 已经被另一颗名叫威尔金森各向异性微波探测器（WMAP）的卫星所替代。这是一颗在 2001 年被美国宇航局发射升空的卫星。在离地面 160 万千米的高空，没有了大气层的阻挡，这一空间探测器可以全揽宇宙中各个方向的微波图景。从它传回的数据中，人们推测宇宙的年龄约为 137 亿年。通过它我们还知道，宇宙的时空总体而言是平坦的，而且我们所知道的正常的物质（由重子，即原子构成的物质）只占整

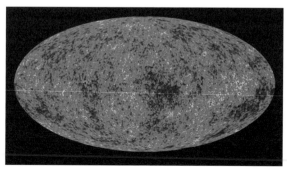
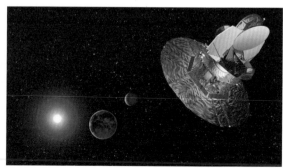

个宇宙的 4%，而有一种既不发射光也不吸收光的暗物质构成了 20% 的宇宙。此外，还有剩余 76% 的宇宙是由神秘的暗能量构成的。

WMAP 源源不断地送回了关于早期宇宙炽热的等离子气中电子、重子和光子的信息。那时的宇宙就像一锅沸腾的汤，光子参与了维持宇宙汤温度的相互作用。极高的压力阻止凝聚，使任何凝聚态的物质都不可能存在。（设想一下用双手挤压一个打足气的气球，它会反弹。）与炽热的等离子气体共存的是冰冷的暗物质。它们虽然和等离子体占据着同一膨胀着的空间，却和这些电子、重子和光子保持分离。它们随着宇宙一同膨胀。组成暗物质的粒子太小了，以至于它们只能和最早期的致密宇宙中的粒子相互作用。当宇宙膨胀到最早期的 10 亿倍以后，这些暗物质的温度就降到接近绝对零度了。

为什么微波背景辐射会挥之不去？

为什么我们还在被这种大爆炸的余温包围着呢？

为了明白这一点，你得意识到大爆炸和普通的炸弹爆炸可大不相同。再大的炸弹爆炸，影响的范围都是有限的：它的能量只会传播到附近的区域。但是宇宙大爆炸可不是这样，对它而言，可没有什么附近的了，因为一切都是附近，没有别的区域了！所以，大爆炸时的辐射一旦产生，就没有别的空间可以散去，而是弥漫在宇宙中，并随着它一起膨胀，直到现在还在我们的周围。

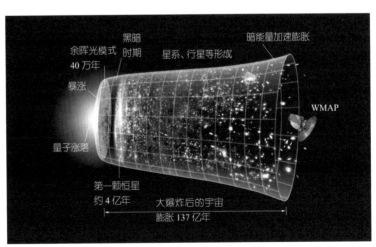

这张宇宙的纪年示意图包含了从大爆炸（最左端）开始我们所知的所有事件。我们对宇宙最初一个快速膨胀时期的认识，有赖于一种叫作"暴涨"的理论（详见下一章）。WMAP 空间探测器（右端）对此提供了详尽的数据支持。由此可以得到微波背景辐射 CMB 图景（这里左端的蓝绿圆盘以及上一页图）。

正是这些暗物质最早聚集成团，从而形成今天星系的雏形。而早期宇宙的等离子气团的冷却要慢得多，大约 40 万年后，电子才冷却到足以和重子形成原子。只有到那时，穿越宇宙时空的自由光子才可能出现，这些就是到达今天 WMAP 探测器的光子。凝聚着的暗物质吸引那些较慢的原子，聚集成团的暗物质和不断积聚的原子使星系开始形成。于是就有了恒星、行星，以及生命和探测所有这一切的技术。

为什么暗物质是冷的?

如果要用一句话来回答的话，就是"现在还不能肯定"。这是一个至今仍在活跃地被研究着的领域。没有人看到或者摸到过暗物质，当然也没有人测量过它的温度。

科学家们是根据星系形成的种种条件推测出暗物质应该是冷的。通过那些推断，他们已经建立起了整套理论体系。下一步就是要寻找这种理论的确切证据。

这里有些现今关于暗物质的想法：不断膨胀的宇宙，也在不断地因为膨胀而冷却。物理学家们相信，随着大爆炸的发生，冷却也就马上开始。不久光子和强子形成的等离子体和暗物质之间停止了相互作用，然后以各自不同的速度冷却下去，而暗物质冷却得更快一些。

一开始还不要紧，但是亿万年后就不同了。从暗物质与等离子体最初相互作用起，宇宙已膨胀超过 100 亿倍。许多人相信，现在暗物质已经冷却到十分接近绝对零度了。

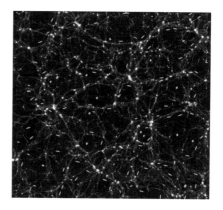

上图是计算机帮助我们模拟的宇宙中暗物质（红色部分）的分布。这些暗物质的位置是通过测量它们弯折远方星系（蓝色部分）光线的程度而得到的。

包括本章在内的本书最后几章专门讲解宇宙学和现代量子物理。这些前沿科学的结论正在不断地被最先进的技术和实验所检验。所以可以说，这里讲的有些结论，会随着进一步的研究成果而有所改变。因此，要在这个信息的世界里做一个有心人——这毕竟是你自己的时代。

正如 WMAP 项目的主持人之一，约翰·霍普金斯大学的物理学家查尔斯·本内特（Charles Bennett）所说："能够回溯宇宙诞生一万亿分之一秒内发生的事，实在叫人神往。但事实是，现在的我们确实可以以那样的精确程度了解婴儿时期的宇宙了。"

宇宙的暴涨

一百多亿年前，宇宙大爆炸形成了整个宇宙的开端。虽然它为什么会发生至今仍是个谜，但是可以肯定的是那确实发生过。

——卡尔·萨根（Carl Sagan, 1934—1996），美国天文学家，《宇宙》（当萨根写此文时，我们还没有大爆炸的准确日期，现在我们有了：大约137亿年前）

反物质能够从非常稀薄的空气中产生。比如，γ光子只要具有足够的能量，它就能转化为电子和正电子对。在这一过程中，它将按照爱因斯坦著名的方程 $E = mc^2$ 把它具有的大量能量转变成一些物质。

——尼尔·德格拉斯·泰森和唐纳德·戈德史密斯（Donald Goldsmith），《宇宙的起源：一场140亿年的进化》

我想强调的是，科学并不是一串事实的总和，而是一个没有终点的侦探故事。在这个故事中，科学家们热切地搜集着所有能够解开宇宙之谜的线索。

——艾伦·古思（Alan H. Guth），美国物理学家，《暴涨的宇宙》

一粒微小的橡树种子包含了长成一棵巨树所需的所有信息。而一个比基本粒子还要小得多的宇宙之核，曾在140亿年前蕴含着后来变成当今半径有140亿光年宇宙中的所有物质。

一粒橡树种子的萌发需要外部适宜的土壤、阳光和水分，而宇宙之核却不同。它就是宇宙的一切——一切物质、一切空间、一切时间都源于此。当它长大时，时空也随之长大。

那么，这颗宇宙的种子是从哪里来的呢？

现代科学的回答是：从没有中来。虽然古罗马的先哲卢克莱修在公元前1世纪就说过"世上没有无中生有"，但是当代许多科学家并不认同这一点。他们并不知道宇宙之核是如何创生出来的，但物理

在宇宙大爆炸之前找东西就简单多啦——反正所有一切都在一个地方。

在这张气泡室的照片中，携带能量的 γ 射线光子（照片中无法看到）产生了两对粒子和反粒子（绿色和红色的轨迹）。轨迹弯曲的那对是电子和正电子。为什么另一对的轨迹没有那么弯曲呢？因为在磁场中，粒子的速度越慢，轨迹弯曲得就越厉害。这是辨别粒子速度的一个办法。

量子力学（quantum mechanics）是研究比原子还小的微观粒子的。量子场论则将量子理论的规律应用于场（包括电磁场和引力场等）。

想象空间中某一点有一定质量。观测它在那一点所受到的力，这是描述引力场的一个办法。

学家却推测**宇宙完全可能来自"虚无"**。这里的"虚无"并不是真空，因为真空是指空无一物的空间，而这里的"虚无"是连空间本身都没有，而且连时间也不存在。这是真正意义上的无中生有。

英国剑桥大学的斯蒂芬·霍金曾说："相对论和量子力学说明，物质可以通过形成物质和反物质对的方式从能量中直接产生。"他还指出，产生这些物质所需要的能量，也许正是从宇宙本身引力的能量中"借用"来的。注意，霍金说的是引力场这种构成宇宙的基本元素，充满了潜能。这些潜能可被借用来激发新的物理过程。

在暴涨时期，物理学家们常说一种称为"伪真空"的状态。这里"伪"是说只是暂时的，而真空的确切含义是说能量最低的状态。所以，伪真空只在一个极短的瞬间存在。我们的宇宙也许就是从一个伪真空中爆发而来的。

对此，麻省理工学院的学者艾伦·古思解释道："引力场的形成不需要能量，而相反地，引力场一旦形成，却能为其他过程提供能量。"古思进一步解释道：

我们所看到的整个宇宙可能只是起源于一种真空中的涨落——也即无中生有。也就是说，当宇宙质量的巨大的正能量形成时，同时也有相应的巨大的负能量产生并蕴含在引力场中。

这其中的道理其实没有看起来这么难。热力学第一定律说，能量只能从一种形式变成另一种形式，而不能够凭空产生。但这里有一个漏洞，那就是这一定律并不排除能量可以以正能量和负能量两种形式存在。也就是说，我们其实可以凭空（同时）获得正能量和负能量，只要它们的总和为零，就不违反能量守恒定律。这样一来，因为引力对应一种负能量，它的存在就可以从量子场中产生包括光子、电子和夸克在内的正能量。所以，地球、恒星和我们周围所有的能量都来自于量子场。这一切并不违反能量守恒定律。这就是为什么古思说："我的工作将我引入了一个全新的理论，它解释了宇宙中一切物质和能量的起源。"

艾伦·古思是何许人也？

1978 年，还在康奈尔大学研究粒子物理的博士后艾伦·古思参加了一次罗伯特·迪克关于宇宙学的讲座。古思对于迪克的宇宙学研究领域并不十分感兴趣，但他知道：当时宇宙微波背景辐射还是一个热门的话题，彭齐亚斯和威尔逊因发现 CMB 在一个月前获得了诺贝尔奖，迪克在此次发现中也起了很大作用。古思希望迪克能多谈一些有关 CMB 的东西。

除了 CMB，迪克在讲座中还说，标准的宇宙大爆炸学说还并不完整。而且，他提到了一个宇宙时空"平坦度"的问题。

这个问题是说，物理学家们发现，宇宙中虽然存在着恒星等天体，使得时空在这些地方存在"凹陷"，但就总体而言，在绝大部分的宇宙中，时空是平坦的，一束光走过很长的距离，都不会遇到这些时空凹陷。两束平行发射出去的光，很久很久都不会因为周围引力的作用而偏折，从而交汇到一起。这种很少有"凹陷"的宇宙时空被称作"平坦的"。然而，经典的大爆炸理论却无法解释为什么宇宙会如此"平坦"。

艾伦·古思后来还获知，宇宙学面临的另一个挑战就是"视界"问题。宇宙学中把光线从宇宙诞生之日（约 137 亿年前）起到达观测者所传播的距离叫作"**视界距离**"。由于一切信息传播的速度都不可能超过光速，所以理论上，宇宙产生之后的一切信息所传播的距离都不可能超过视界距离。但是，我们的观测却发现有些信息确实违背了这一规律。

在测量宇宙微波背景辐射时，天文学家们发现，宇宙在很大范围内取平均值的温度和密度是均匀不变的。这表明必定有一个时间，信息跨越整个宇宙进行交换。然而，这是怎么发生的呢？宇宙中有些地方超过了彼此的视界距离，在大爆炸后

古思（下图）曾经预言，量子涨落可能在宇宙微波背景辐射中形成某种波纹。COBE 和 WMAP 卫星已经找到并测量了这些波纹。

博士后（postdoctoral）是指一个已经获得博士学位，再被研究机构聘用的研究者。

宇宙学（cosmology）专门研究宇宙的形成和演化。而天体物理学（astrophysics）则研究宇宙和天体的物理和化学性质。

漫反射红外背景辐射实验装置（Diffuse Infrared Background Experiment，缩写为 DIRBE）是 COBE 空间探测器搭载的试验装置之一，专门用来记录比微波背景辐射频率（能量）更高一些的宇宙红外线背景辐射（CIB）。这些彩色图片描绘了半个天空的图景，从第 4 张到第 44 张图片是每星期一次的记录。在 COBE 探测器随着地球绕太阳公转的 41 个星期中，DIRBE 从各个角度记录了宇宙的红外辐射。最后一张图是一年以来的平均值。

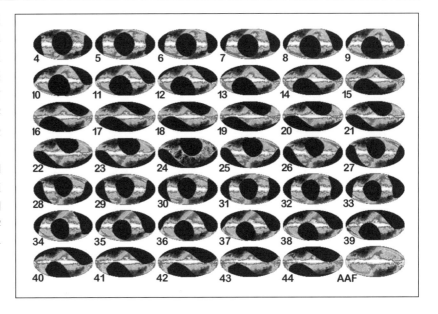

不久便是如此。那么，为什么宇宙在大尺度上又几乎处处相同呢？难道这一切只是某种巧合吗？

艾伦·古思对此产生了浓厚兴趣，并把宇宙大爆炸学说的未解难题深藏在脑海里。与此同时，他的朋友亨利·泰伊（Henry Tye）又说服了他开始研究宇宙早期的磁单极子，也就是那些只有磁北极或磁南极的粒子。泰伊和古思很快将精力集中在磁单极子问题上。

视界距离（horizon distance）有时也叫作粒子视界，因为它等于速度最快的粒子（即光子）从宇宙诞生到被观测到所走过的距离。

重要的思想有时并非来自对问题答案的直接追寻，常常对一个问题的思索会给另一个问题带来全新的见解。古思对磁单极子的研究使他对宇宙形成的初期进行了深入思索，也就是必须要解决宇宙"平坦"和"视界"这两个问题。1979 年 12 月 6 日，古思一直到很晚还在推演方程。次日早晨，他看着那些方程，在纸上写下了"壮观已经实现"（SP ECTACULAR REALIZATION）。

古思破解了宇宙"平坦"和"视界"之谜。为此，他对大爆炸理论作出了修改，这就是后来被称为"暴涨理论"（theory of

inflation）的宇宙学说，一个关于宇宙物质和能量起源的新理论。

　　暴涨理论说，在宇宙创生后第一秒内的极短瞬间，宇宙以指数方式进行膨胀，每隔约 10^{-37} 秒就膨胀一倍。这种暴涨以前所未有的速度不断重复着。宇宙几乎在瞬间就从一个比亚原子还小的核膨胀到了一粒弹珠那么大，它放大了 10^{27} 倍——超过 1 千亿亿亿倍。正如古思本人所说："暴涨理论其实只改动了我们对宇宙产生后最初 1 秒内极短一个瞬间的认识。"而正是这一丁点儿的改动使得现在我们所知的宇宙变得可能。

　　正是因为在暴涨前的一瞬间，那时还极其微小的宇宙中各个部分可以相互接触，从而各处的信息得以交换，并达到同一个温度。这也就是为什么现在的宇宙总体看来会如此均匀。这也解释了"视界"问题。

宇宙初期的暴涨会不会在宇宙中产生分离的"泡状宇宙"呢？这张插图描绘的是这种"泡状宇宙"产生之前的一瞬间。其中不同区域的暴涨在早期的宇宙中产生了凸起的穹顶。

其他的理论

　　普林斯顿大学的宇宙学家保罗·斯坦哈特（Paul Steinhardt）和剑桥大学的尼尔·图罗克（Neil Turok）提出的一种循环宇宙模型，也可以解释视界问题和平坦宇宙问题。有些物理学家也把它看作暴涨模型之外的其他可能的宇宙演化模型。按照这一模型，宇宙大爆炸将周期性地反复发生。

　　葡萄牙宇宙学家若昂·马盖若（João Magueijo）在一本名叫《超过光速》的书中，提出了另一种可能的宇宙演化模型。他认为，在宇宙的早期，光速可能要比现在快，并把这叫作"可变光速"理论（VSL）。如果这一理论得到证实，那么它就将代替暴涨理论而揭示出大爆炸的秘密。

　　以上这些都是可以将宇宙大爆炸理论进一步具体化的假说，当然它们还都没有得到确切的实验证据的支持。

　　若想得到更多关于暴涨的资料，可以参阅古思所写的《暴涨的宇宙》，里面有关于暴涨理论发展的最早的叙述。

　　暴涨（inflation）这个词在经济学中的意思是通货膨胀，是指物价上升、货币贬值的经济状态。第一次世界大战后的德国创造了一个纪录。当时在德国，一个面包的价格在几个月间从一马克上涨到了几百万马克。为了买一些生活必需品，人们得带上成捆的货币。当然，跟宇宙最初的膨胀相比，这种价格的膨胀也就微不足道啦。

这张插图描绘了宇宙演化的 8 个阶段。从左到右分别是：（1）大爆炸；（2）初期宇宙的诞生；（3）夸克的形成；（4）夸克组成质子和中子；（5）电子和正电子的出现；（6）质子和中子组成原子核；（7）原子核和电子组成原子；（8）今天所看到的恒星、行星和星系的形成。从第一步到第五步用了短短一秒。

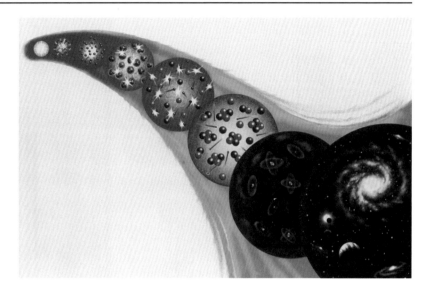

至于"平坦宇宙"的问题，理论证明正是这一暴涨的过程在瞬间将时空迅速拉伸，时空中的起伏受到充分拉伸后，在局部看来就显得十分平坦了。（当然，这些仅是简单化的说明，进一步解释需要数学演算。）

在暴涨最初时和其后究竟发生了什么呢？暴涨最初时温度稳定在大约 10^{26} 开，然而就在暴涨开始后不到 1 秒的瞬间，随着暴涨能量释放到那时还不大的宇宙中，温度立即上升到了 10^{29} 开。于是，宇宙之核开始了前所未有的爆发，这就是我们熟知的大爆炸。初生的宇宙仅是一个稠密、炽热的火球。而大爆炸并不是从中心扩展到已存空间的过程，因为**空间自身就在扩张，而且不断地扩张**。这样一来，原先阿尔弗、贝特、伽莫夫提出的大爆炸理论就被细化和扩充了。

如果宇宙是从一个普朗克长度（1.6×10^{-33} 厘米）大小的粒子开始的话，那么经过暴涨后，它几乎就和一颗弹珠一样大了（1.6 厘米）。也就是说，它放大了 10^{33} 倍！

人们到底是如何那么确切地知道 140 亿年前发生的那些事呢？

经过时间和空间检验的物理学规律为我们提供了一个思路。我们也可以利用粒子加速器来模拟宇宙早期可能发生的核

拓展阅读

乔治·伽莫夫在他著名的《从一到无穷》一书中，通过引用印度舍罕（Shirham）国王的故事描述了什么是指数型增长。为了表彰他的大臣本·达希尔（Ben Dahir）发明国际象棋，舍罕国王问他想要得到什么奖赏。达希尔要求国王在国际象棋棋盘的第一个格子里放 1 粒麦粒，第二格放 2 粒，第三格 4 粒，第四格 8 粒……直到棋盘上全部 64 个格子都放好为止。国王可高兴坏啦，以为这实在是太便宜了。

伽莫夫把卡通用作了他书中的插图，其中就有恺撒用罗马数字按千数到一百万的故事。（一百万在罗马数字中是 MMMM。）

那么，达希尔究竟得到了几粒麦粒呢？这就留给你自己想了，最好是去读一下伽莫夫的书。当然，这是一本挺老的书，它出版于 1947 年。

至于几何型增长，只是请你注意一点，就是在这么一列数字 1，2，4，8，16，32…中，任何一个数都会超过前面所有数字的总和。

反应。借助功能强大的望远镜，科学家能够回观宇宙的过去，测量宇宙最初的膨胀速率。天体物理学家细察从遥远星系发出的光线，由此确定组成远古恒星的成分。（测量确认了那些恒星所含有的元素，比它们的后代要少。）从宇宙变得对光线透明以来，CMB 提供了不同时间的温度和密度的重要信息。而爱因斯坦的引力公式（广义相对论）则提供了严密的数学计算工具。凭借不断深入的观察和完善的理论，我们就能够越来越精确地了解宇宙的进化过程。

事实表明，阿尔弗、贝特、伽莫夫的猜测很可能是正确的。最初的宇宙可能就是一团黏稠的基本粒子，炽热到连原子核也无法形成。物理学告诉我们，气体被压缩时，它会变热，反之则变冷。所以，随着宇宙膨胀，它就逐渐冷却。

0 开的温度约等于 −273.15℃。在 1 标准大气压下，水在 273.15 开时（0℃）结冰，在 373.15 开时（100℃）沸腾。

暴涨理论描述了宇宙刚刚诞生时呈指数式的膨胀过程。那之后发生了什么呢？宇宙膨胀的速率又有没有什么规律呢？我们知道万有引力会阻碍宇宙的膨胀，而引力又是由质量造成的。我们正在慢慢地知晓宇宙中的各种质量形式。下一章我们就来讨论与宇宙膨胀速率有关的一些问题。

团结力量大

想象一下，一个冰球队和一个篮球队在一起训练，他们彼此能够学到什么吗？这对他们各自的比赛有帮助吗？

粒子物理学家研究比原子还要小的世界，天体物理学家研究宇宙的组成，宇宙学家研究宇宙的起源和演化，他们所熟悉的领域是不同的。但当他们仔细考虑宇宙大爆炸问题时，他们才发现相互之间有很多交集。

大爆炸理论将以巨型望远镜所代表的天体物理学和以粒子对撞机所代表的粒子物理学（下图）联系在了一起。左图所示的塔形装置就是空间红外线探测器——斯皮策——在 2003 年准备被运往佛罗里达之前的样子，它后来被迭尔塔 2 号火箭发射升空。作为第 4 个，也是最后一个美国宇航局大天文台计划中沿轨道远行的望远镜，斯皮策主要的任务是探索宇宙的起源。

为了弄清恒星和星系是如何形成的，以及宇宙是如何起源的，一直在思考宏大宇宙的学者们开始意识到，他们还必须了解基本粒子的世界。而粒子物理的专家也发现，分析宇宙大爆炸初期炽热的环境也有助于他们理解基本粒子的相互作用。所以，使用巨型粒子对撞机及许多数学工具的粒子物理学家和使用巨型望远镜及许多数学工具的天体物理学家、宇宙学家们配合协作，就可能揭开 140 亿年前宇宙早期的奥秘了。这一协作是科学史上最令人叹服的成就之一。

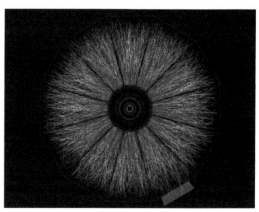

相对论性重离子对撞机（Relativistic Heavy Ion Collider，缩写为 RHIC）是坐落于纽约州长岛的布鲁克海文国家实验室的原子对撞机。它通过将金原子核在 0.999 9 倍光速下的对撞，模拟宇宙大爆炸后几微秒内发生的情形。这种对撞实验会产生极其炽热和致密的物质以及能量爆发。

直到 40 万年后电子才被原子核束缚，从而形成原子。这时光子才能任意漫游，于是有了自由传播的光，宇宙才开始变得透明。我们今天仍能观测到的微波背景辐射就来自那时的光子。

宇宙中最早出现的恒星和星系都是由最简单的氢和氦原子，再加上一丁点儿的锂原子构成的——是引力将它们聚集在一起。而更重的元素则来自新星和超新星，以及恒星内部的核聚变反应。我们的太阳系直到大爆炸后 90 亿年才诞生，而地球上生命的出现还要再等 40 亿年！

这些听起来难以置信是吗？但我们相信它是真的。

宇宙大爆炸理论，至少在暴涨时期之后的那一部分基本上已经为现在所有的主流科学界所接受。美国科学家罗伯特·黑曾（Robert M. Hazen）写道："大爆炸宇宙学已经越来越接近科学界所能接受和承认的知识的一部分。"另一位美国科学家，诺贝尔奖获得者史蒂文·温伯格则说："对大爆炸理论我们有比较充分的信心，即使将来有了新的实验或者观测上的突破性进展，这一理论应该也不会被推翻，而是成为将来新的宇宙学理论的一部分。"

暴涨理论能够解释很多东西，但是有没有实验上的证据支持暴涨假说呢？答案是肯定的。

截止到 2006 年 3 月，威尔金森各向异性微波探测器卫星（WMAP）在 3 年中传回的数据给出了大爆炸大约 38 万年后的宇宙图景，这其中就包含了更早时期，比如暴涨时期的宇宙状态的一些线索。参与该项目的科学家认为，这些数据支持了暴涨过程。哥伦比亚大学的物理学教授布雷恩·格林（Brian Greene）说："这些观测结果是壮观的，结论是惊人的。"芝加哥大学的迈克尔·特纳（Michael S. Turner）称这是暴涨理论的第一个确凿证据。

接下来，科学家们还在努力研究大爆炸初期的四种相互作

意大利作家但丁·阿利吉耶里（Dante Alighieri, 1265—1321）在他的经典作品《神曲》中，将地狱描述成炽热得足以熔化硫磺石的世界。这幅作品的名称就叫《炼狱、地狱和天堂》。要知道硫磺石的主要成分是硫磺，在 386 开（113℃）熔化，这可比初期宇宙的温度低多了！

有些学者并不同意大爆炸是一切时间的起点。他们认为还存在大爆炸之前的宇宙。关于这方面的信息，可以查阅循环量子引力（LQG）、弦论或者 M 理论的有关材料。

这是关于宇宙演化的另一幅示意图，当然这是一个永无穷尽的过程。最近 WMAP 探测器传回的关于微波背景辐射的数据（带有粉色和深蓝色的椭圆）表明，宇宙初期确实存在剧烈的膨胀过程，与暴涨理论一致。如果再加入引力波探测器的数据的话，我们宇宙的图景又会有什么变化呢？

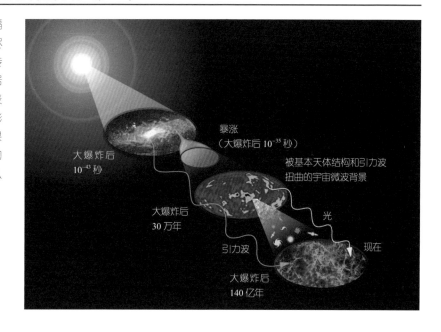

大爆炸后 10^{-43} 秒

暴涨（大爆炸后 10^{-35} 秒）

被基本天体结构和引力波扭曲的宇宙微波背景

大爆炸后 30 万年

引力波

光

现在

大爆炸后 140 亿年

我们探索引力波的原因之一就是为了获得暴涨的信息。如果我们能够追踪到早期宇宙的引力波，它们就会给我们带来大爆炸后几秒内空间和时间结构的有关信息。

用。他们相信，在宇宙刚刚诞生的一瞬间，引力、电磁力，以及原子核中的强力和弱力都合成一种"超力"。之后，引力率先从中分离出来，然后其他三种力也相互分离。科学家们为什么会有这样的猜测呢？几种相互作用又是如何互相脱离的呢？我们就不得而知了。

发现引力波可能有助于我们找到"超力"，进一步检验暴涨理论，并回答我们广义相对论引力场理论的问题。广义相对论在量子世界中是不适用的——一个爱因斯坦试图解决，但又没能解决的问题。

此外，暴涨理论还提出了其他激动人心的问题。比如，该理论暗示，我们所看到的宇宙也许仅仅是整个宇宙的一小部分，而如果暴涨过程曾经发生过的话，它难道就不会发生第二次、第三次吗？天文学家马里奥·利维奥（Mario Livio）说过："暴涨过程改变了我们所在宇宙的地位。"

事实上，暴涨过程也许并没有完全停止，宇宙中的小块区域仍然可能继续经历暴涨过程，继而膨胀出新的宇宙。所以物理学家把这些宇宙叫作多重宇宙，一个充满许多宇宙的大宇宙。

利维奥说："人们把这种暴涨叫作永恒暴涨。"

艾伦·古思说："如果永恒暴涨的理论是正确的，那么大爆炸可能只是我们所在的这个宇宙的开端，而不是所有的宇宙的开端。换句话说，包含所有宇宙的大宇宙早在我们的宇宙诞生之前就存在了，而且将永恒地存在下去。"

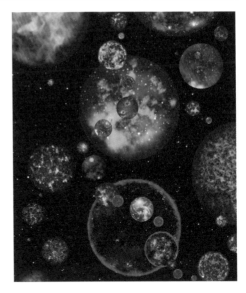

暴涨理论是否容许产生多个宇宙呢？也许是的。上图就是对多重宇宙的绚丽多彩的形象化诠释。

你就在宇宙的中心

宇宙学原理说，平均而言，从任何一个地方看，朝任何一个方向看，宇宙的相貌都是一样的。也就是说，即便宇宙是由质量聚集的星系和空旷的空间这两种完全不同的成分构成的，在更大的尺度上看，宇宙仍然具有以上的均匀性。

无论你是站在地球上还是站在某个遥远的星系上，你都会觉得自己站在宇宙的中心。实际上，宇宙并没有什么中心，当然你也可以说随便什么地方都可以想象成宇宙的中心。这就是宇宙学原理告诉我们的，并且我们相信这一点在宇宙的任何一个角落都是对的。

在弗雷德·托马塞利（Fred Tomaselli）的画作《独眼巨人泰康2》中，一个独眼巨人在"一个"宇宙的中心吸引并放射出物质。独眼巨人是希腊神话中天神乌拉诺斯（Uranus）和地神盖娅（Gaia）的儿子。

在一百万个宇宙面前，让你的心灵平静如水。

——沃尔特·惠特曼（Walt Whitman，1819—1892），美国诗人，《草叶集》

生存还是毁灭

艺术家托马塞利 1956 年出生于加利福尼亚，现在居住在纽约布鲁克林。他的令人眼花缭乱的作品《劫持者》由树叶、药丸、杂志剪切、部分绘画（用平滑树脂封装）组成。他说："图画从传统的意义上讲，能够带你通向另一个世界……" 今天的世界是不是存在于科学的世界中呢？绘画能不能带我们进入另一个世界呢？

在他生命的最后 30 年里，爱因斯坦致力于寻找一个宇宙的基本规律，就是所谓的大一统理论 TOE（Theory of Everything）。

爱因斯坦知道，广义相对论和量子理论是相互矛盾的。这表明我们的理论中缺了些什么关键的东西。而在今天，这就慢慢引发了一场物理学的危机，就好像 19 世纪牛顿的力学理论和麦克斯韦的电磁学理论的那场矛盾一样，而正是那场矛盾激发爱因斯坦建立了狭义相对论和广义相对论。

那么，下一步将是大一统理论的建立吗？如果这一理论获得成功，它将帮助我们更好地理解宇宙的起源和基本粒子之间的相互作用，并且将这些相互作用和引力联系起来。正如诺贝尔奖获得者，物理学家利昂·莱德曼（Leon Lederman）所说："量子理论和广义相对论的联姻，将是现代物理学的核心课题。"

但是，并不是每个人都相信，这样的大一统理论会存在。李·斯莫林（Lee Smolin）在他一本

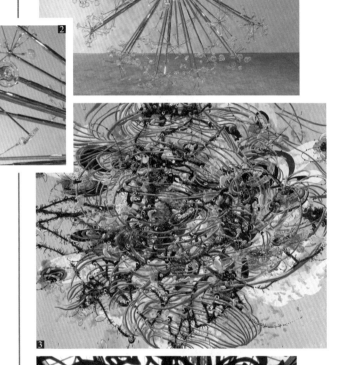

名叫《通向量子引力理论的三条途径》中写道："从现在的情况看，要得到一个能够把量子理论和相对论统一起来的理论希望渺茫。"书中还写道："没有任何数学或者哲学原理可以保证自然的规律可以仅仅被一个数学上一致的理论所涵盖。"

另一方面，英国物理学家斯蒂芬·霍金则要乐观一些，他认为：

如果我们发现了这样一个完整的理论，那么它应该立刻被所有的人所理解，而并不仅仅局限于几个科学家。然后，包括哲学家、科学家在内的我们所有的人，都将可以回答这个问题，即我们以及整个宇宙为什么会存在。

总之，如果你建立了大一统理论，你就将是下一个爱因斯坦。

艺术与科学的统一

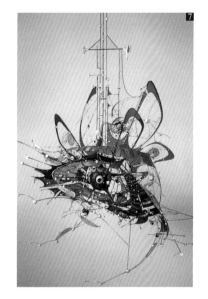

　　艺术家和科学家是否都在发挥想象力，从而以新的视角观察宇宙呢？其实从古至今，科学的发现一直都在激发着所有人的创造力。看一看这些从宇宙学发展中获得灵感的艺术作品吧，它们出自当代画廊的艺术家之手，并被各大博物馆永久收藏。

　　乔赛亚·麦克尔赫尼（Josiah McElheny）的吊灯（图 1 和图 2）是描绘宇宙大爆炸的雕塑，名为《最后的散射面》。这部作品的灵感来自威尔金森各向异性微波探测器所获得的宇宙微波背景辐射的数据（注意作品中的灯光），以及 SLOAN 对星系的观测数据（作品中的那些玻璃球和圆盘就代表恒星团和星系）。马修·里奇（Matthew Ritchie）则将宇宙的演化历史融入到自己的许多作品中，且兼具科学、神话和圣经故事的元素。其中，图 3 中激流涌动的画作、图 4 中的金属雕塑的灵感，均来源于有关低温暗物质的最新发现，并在 2006 年命名为"宇宙遏制力"的展览中展出。图 5 是阿提·梅尔（Ati Maier）的叫人眼花缭乱的画作《漫游》。它将地球上的风光、外太空和想象的维度融合在一起。飘浮着的宇航员和宇宙飞船在绚烂的行星和能量物质之间穿梭，这位女艺术家就像热爱科幻小说那样痴迷于天文学。图 6 是黛安娜·哈迪德（Diana Al-Hadid）的作品《阿里亚斯公主的爱》。艺术家在巴洛克时期的管风琴上装上宇宙飞船的翅膀，对每个管风琴琴键的雕琢则秉承法国沙特尔大教堂中著名的迷宫图案。这是一部囊括千年来的文化积淀与科学成就，跨越哥特时代和太空时代的作品。另一名艺术家李·邦特科（Lee Bontecou）自从 20 世纪 60 年代以来，就一直潜心于黑洞题材的抽象雕塑。图 7 是她的一件精致的悬挂雕塑作品。它由钢铁、陶瓷、帆布和金属丝制成，象征着整个宇宙的复杂结构。

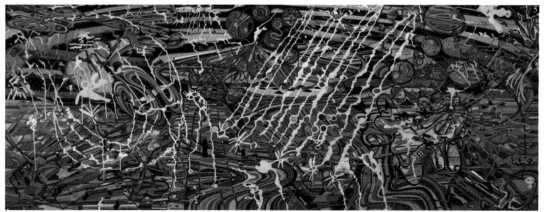

纠缠态和局域态?
我们是在讨论科学吗?

> 在奇异的量子世界中一个最令人费解的问题就是一种叫作纠缠态的效应;两个相隔万里的粒子可以被一种奇特的力量联系在一起。
>
> ——阿米尔·奥采尔(Amir D. Aczel),以色列数学家,《纠缠态:物理学的最大秘密》

量子力学描述下的自然世界简直荒诞诡异、违背常理,却在很多地方得到了实验的证实。所以我希望你们可以接受一下事实:自然本身就是荒诞诡异的。

——理查德·费曼(Richard P. Feynman, 1918—1988),美国物理学家,《量子电动力学:光和物质的奇特理论》

读者提示:这也许是有点深奥的一章,要读懂可要花点力气。这是一个具有远大前瞻性的前沿概念,将在未来科技中起到重要作用。

爱因斯坦从不相信量子理论是完整的,因此始终在探寻一个所谓的大一统理论,他称之为统一场论,从而把宏观的广义相对论和微观的量子理论统一在一起。

与他同时代的许多科学家,如玻尔,都相信广义相对论适用于非常大尺度的宇宙现象,而量子理论则适用于微观世界,经典的牛顿力学则介于两者之间。它们各自有各自的适用范围,根本没有统一在一起的可能。哥本哈根学派认为它们不需要统一在一起。量子力学确实令人惊叹,并取得了许多技术成就。玻尔领导的哥本哈根学派以不确定关系为基础,建立起了量子理论体系。

我们的朋友爱因斯坦看起来自得其乐。

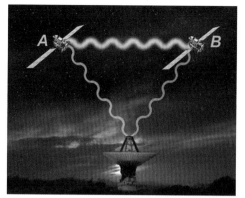

如果飞船 A 和飞船 B 都携带有纠缠态的粒子，那么飞船 A 的信息就可以瞬间传递到飞船 B，这是一种爱因斯坦称之为"诡异"的相互作用。根据量子物理学家克里斯托夫·阿达米（Christoph Adami）的看法，这种效应在未来的一种用途是：两台原子钟可以通过控制其中的一台来同时开启或关闭另一台。这使得我们可以瞬间为远在几光年之遥的飞船设定时间。

虽然 EPR 佯谬没有推翻量子不确定原理，但它的确预示了某些重要的事。在这篇论文发表 70 多年后，这一问题仍旧是悬而未决的物理学前沿问题。即便爱因斯坦在犯错时（否定量子不确定原理），他的思想仍是丰富的。

爱因斯坦并没有放弃。对他来说，不确定关系是难以接受的。他认为粒子一定具有一些暂时还不得而知的性质，它们能正确地告知我们粒子的行为，而不是统计的规律性，所以不需要不确定关系来解释。为此，他曾不断地向玻尔坚持的不确定关系提出挑战，但他的大多数问题都被玻尔学派所化解。

但爱因斯坦始终没有放弃，他认为量子理论不是最终的解决方案。1935 年，爱因斯坦和他的同事波多尔斯基、卢森基于数学计算写了一篇论文，指出量子理论的一个缺陷，这就是后来非常著名的 EPR（Einstein, Podalsky 和 Rosen，三个人名的首字母缩写）佯谬。他们发现按照量子理论的假设，有些粒子可能超过光的速度来传递信息，而那显然是不可能的。爱因斯坦实际上使用了"远程诡异作用"的字眼来形容他们的发现。

通过数学公式，这三名作者事实上已经触及了一个叫作"纠缠态"（entanglement）的概念。这是另一个很诡异的量子现象，然而却是真实的。假如你有一个可以和你有心灵感应的双胞胎弟弟，无论你们相隔多远，你只要一咬舌头，在同一瞬间他的舌头就会感觉疼。这事听起来是不是很奇怪？确实，在宏观世界中这种事不会出现，然而在纠缠的粒子间真的会发生。这已经被实验所证实。

要领会这一点，试着像侦探一样来寻找这些纠缠粒子——它们之间存在某种神秘的联系，不管对方在宇宙何处。

如果你觉得不可思议，那是因为你还在用经典物理的常理来替代量子的真实。在这一点上，连爱因斯坦也没有能够想通。把这事弄明白，你就会懂得一个宇宙的重要秘密，你可能写出不可破解的密码，你的计算可能会把 21 世纪初世界上所知的任何计算都远远甩在后面。

当一个物理学家对一个处在某一状态的量子系统做实验研

究时，首先他得意识到，他只有做一次实验的机会，而没有第二次。这是因为在量子世界里对一个系统做任何一个实验——哪怕只是一个简单的测量——都会使它跳转到另一个状态。这种由不确定原理所决定的性质，使我们不可能对同一状态下的同一系统做两次实验。

此外，物理学家还知道，许多基本粒子都具有一种叫做"自旋"的性质。当他们试图测量一个电子的自旋状态时，量子力学表明，只可能有两种结果：自旋向上和自旋向下。如果两个电子的自旋分别为向上和向下，那么它们的自旋可以相互抵消——它们的总自旋就是零。

两个处于纠缠态的粒子情况如何呢？它们其实就是一对自旋相反、总自旋为零的粒子。假设一个总自旋为零的原子分离出两个自旋相反且朝着相反方向高速运动的电子，每一个电子走了一光年，意即两者之间的距离是两光年。它们的总自旋仍为零，因为在原子释放它们之前总自旋就是零。根据量子理论的不确定原理，一个粒子的自旋状态是不确定的：它可以向上，也可以向下。然而，由于这两个处于纠缠态的电子是从总自旋为零的原子中分离出来的，两者的总自旋必为零。于是在你测定其中一个电子的自旋时，几光年之外的另一个电子的自旋也就确定了下来。

明白了这一点，你就可以测量纠缠粒子其中一个的自旋了。你可以沿任何方向测量（你决定方向）；你事先并不知道自旋是向上还是向下，两者都有可能，你对自旋轴方向的选择成为决定电子自旋方向过程的一部分。在这个（诡异的）过程中你也是一名参与者。

你一旦找到了它的自旋方向，另一粒子就会瞬间取相反的转向（即使相距亿万光年远）。按照爱因斯坦的观点，这相当于一个电子以远远超过光的速度向另一个电子传递了信息，而这不是与相对论相矛盾吗？这个矛盾就是著名的 EPR 佯谬。

一个粒子就是一个量子系统。一个原子则是一个更加复杂的量子系统。两个或者多个处于纠缠态的粒子也是如此。

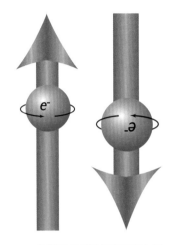

自旋是包括许多原子在内的诸多粒子所具有的物理性质。如果两个光子或者两个电子来自共同的粒子源，那么它们的总自旋为零。在那种情况下，两个粒子就各自分别具有自旋，一个向上，一个向下。（光子有一种叫作偏振的属性，这是和自旋差不多，但不完全一样的东西。）

电子自旋的大小是一个恒定值；我们测量的是自旋的方向，向上或向下。

记住：不确定原理决定了，在测量之前，你不可能知道粒子量子系统的一切信息。而你一旦测量了，你就知道了整个量子系统的信息。

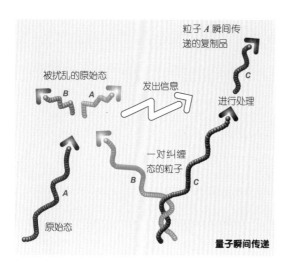

量子瞬间传递

量子瞬间传递是如何实现的呢？在上面的示意图中，量子物体 A（左下角）不接触遥远的量子物体 C，就把 C 变成了和自己完全相同的复制品。为此，A 首先接触了与 C 处在纠缠态的 B，然后通过 B 向 C 瞬间传递了 A 的信息（即 A 所处的量子状态），从而把 C 变成了 A 的样子。而原来的 A 和 B 在这一过程中，就丧失了原来的状态。

用量子理论的语言讲，当没有测量任何一个电子的自旋时，每个电子的自旋处在既可向上和亦可向下的"叠加态"，也就是说，向下还是向上是不确定的。直到对其中一个电子进行测量时，该电子的自旋状态才确定下来，即你的测量帮助它作出了选择。于是，另一个电子的自旋方向也随之确定了。这就好比你在两张纸条上分别写了"上"和"下"两个字，然后分别交给两个信使，让他们分别向南、向北进发，并规定不许用任何方式相互通信。当他们离开很远以后，一个信使打开纸条，发现上面写着"上"字，那么他就立刻知道了另一个信使的纸条上一定写着"下"字。他没有破坏规则，并没有向另一个信使发送信息。

这在宏观世界里没有什么地方违背常理。然而在量子世界里情况就有点复杂了。这里没有确定的"上"和"下"，直到实验者确定自旋轴的取向进行测量时，它才确定下来。在测量之前，它一直处在亦"上"和亦"下"的叠加态。从我们的日常经验来看，这真是匪夷所思，所以需要点想象力。然而，不确定原理确实拓展了我们的思维视野。

一个电子相当于一枚小磁针，磁针的南北极方向可用一个想象的箭头表示，这也叫作它的自旋方向，而这一性质具有非凡的量子力学特性。你如果随便选一个方向，然后测量电子自旋与这个方向的夹角，就会发现，自旋要么沿着你所选定的方向（自旋向上），要么逆着你选定的方向（自旋向下）。总之，自旋就是不能——比如说——取与选定方向成 30° 角的方向，或其他什么方向，而总是沿着或者逆着选定的方向。

——汉斯·克里斯蒂安·冯·贝耶尔（Hans Christian von Baeyer），《信息：科学的新语言》

密码

设想你发射出一个粒子，它可以作为密码信号的一部分。如果这个粒子处于自旋向上的量子态，那么这就表示"大军今夜开拔"。那么，敌人能够截获你的信号并获知你军队的动向吗？如果他们知道自旋向上的含义的话，他们是完全可以获知你的行动计划的。但是，他们一旦截获这个粒子，这个粒子的状态就会发生改变，于是你就可以知道你的信息已被截获了，从而改变你的计划。

事实上，发生的事情要比这更加复杂一些：如果要用纠缠态的粒子来传递无法被破译的信息，那就需要不止一个自旋状态来传递。当然，你知道没人能篡改它而不为你所知。

将一个电子的自旋在某个方向上"设定"成向上是完全可能的。然后，你在那个设定方向上测量自旋，就总会得到"向上"的结果。这确实可以说量子系统处在确定的状态。（事实上，这就是量子态的含义。）只要不对原先的系统再做测量，原本的测量结果就一直可靠。不然的话，原来的系统就会受到影响，该量子态就不再有确定性了。

总之，量子世界里的情况并不是可以事先确定下来的。当你对量子系统进行测量时，你就与它发生了相互作用，你也变成了"量子喜剧"中的一个演员。

这也就是爱因斯坦和他的朋友深感困扰的地方。他们被经典的、宏观世界的思维方式所困，确信两个处于纠缠态的粒子必须相互传递信息，而且是瞬间实现的。于是，光速是速度极限的规律便被否定了。他们知道这不会发生，但也不愿接受量子世界的真实性。

回忆一下，量子粒子还有可以叠加的属性。比如，电子在叠加态时既不是粒子也不是波，而是既可能成为粒子，也可能成为波。你一旦测量它，它就会自己在不同场合作出是粒子还是波的选择，但是它们不可能同时变成两种。

那么，在纠缠粒子之间是否存在某种瞬间通信呢？除了存在纠缠态这一事实外，至今我们还没捕捉到这种信息。

棒球不确定原理

三个棒球裁判在一个酒吧里闲聊。他们在讨论，当投手投球时，他们怎么判定那是个好球还是坏球。

第一个裁判说："我一看到球就能作出判断，可惜我有时对，有时错。"

第二个裁判说："我一看到球就能作出判断，而且我从不出错。"

第三个裁判说："直到我作出判断，否则不存在什么好球或者坏球！"

博姆：聪明还是疯狂？

物理学家大卫·博姆（David Bohm，1917—1992）是最早看出量子纠缠态应用前景的人之一。当时，他还是加利福尼亚大学伯克利分校的一名研究生，他发现在等离子体中从原子中分离出来的电子似乎并不各自独立活动，而好像是作为某种整体一起行动，就好像管弦乐队中的演奏家受到指挥的统一指令一样。

博姆相信，宇宙并不是由各个完全无关的小部分简单拼凑而成的，而是具有某种内在的联系。在这一点上，他在挑战牛顿的经典物理思维定式了。博姆还对爱因斯坦的物理学的一个理论基础提出了挑战，那就是局域性的观点。局域性观点认为，世界上每一个东西、每一件事在时空中都有一个确定的位置，而且没有东西能够比光更快地穿梭于时空当中。爱因斯坦的狭义相对论像牛顿运动定律一样也是基于局域的。

然而根据博姆的看法，每个还没经历测量的粒子都是非局域的，也就是说，事物间存在某种量子层面上的内在联系，这种联系与事物所在位置无关。非局域性允许瞬间作用在宇宙任何处发生，而无需考虑光速极限。

博姆的工作存在一些争议。他对量子理论诠释的某些方面与爱因斯坦相同，而他的观点与物理学的一些最基本的理论产生了矛盾，即物理世界中的现象相互独立的观点或许是错的。

1949 年，大卫·博姆（左图）还是普林斯顿大学的副教授，曾与附近高等研究院的爱因斯坦密切合作，也曾被美国国会的非美活动委员会质询。在 20 世纪 30 年代，年轻的博姆参加了共产主义和平组织。那时正是麦卡锡时代，博姆随即被拘捕了。他在 1951 年被释放，但已经失去了普林斯顿大学的工作。他接受了巴西的一个物理学教职工作，随后又去了以色列和伦敦任教。今天，他以将精神意念引入物理学的哲学思想著称，并且更加关注作为整体的物理学，而不是对各个分支的研究。

将一束电子射向障碍物，它们可能被弹回，也可能绕过障碍物出现在障碍物的另一侧。这很奇怪吗？但这种奇怪的现象不仅是事实，而且还在工业技术中有了许多应用。物理学家们把这种效应叫作量子隧穿。

为寻求答案，物理学家还要继续探索。例如，首先选定自旋轴的方向以进行测量，然后在空间探测器上等待某个粒子的到来，这个粒子或许离其发射源有一光年，而离它纠缠态的孪生粒子则有两光年。当然，对纠缠态粒子来讲，距离不是问题。

发现纠缠态粒子！

在 20 世纪 30 年代，关于纠缠态的电子或光子是否存在的实验和技术还不成熟。物理学家沃尔夫冈·泡利（Wolfgang Pauli）就说，既然我们不能证明纠缠态现象到底对不对，就让我们先研究点别的吧。爱因斯坦等三人关于 EPR 悖论的文章确实引发了很多物理学家的思考。

20 世纪 60 年代，当时还在瑞士日内瓦工作的爱尔兰科学家约翰·贝尔（John Bell, 1928—1990）想出了著名的关于纠缠态的实验想法。后来，在 20 世纪 70 年代和 80 年代，贝尔的一些实验和其他的一些实验研究证明了，在很短距离中，纠缠态现象确实存在。

在如左图所示的 2003 年的量子纠缠态实验中，激光束中的光子并没有将它们自己，而是将它们所处的量子态信息（比如它们的自旋方向）瞬间传递。其目的就是要探索关于因果性关系，即是否会有某些效应在它的起因之前出现。这怎么可能呢？记住，纠缠态是瞬时的，也就是说，它们是独立于时间和空间的。

1997 年，在奥地利维也纳大学和奥地利科学院的研究者将光纤穿过跨越多瑙河的城市下水道，把两岸相距 800 米远的两个实验室连接起来。通过使两个实验室的光子处于纠缠态，实现了量子通信①。2003 年，奥地利的科学家做了进一步的实验。他们使一束激光穿过硼酸钡晶体，从而获得处于纠缠态的成对光子。这些波长为 810 纳米的光子通过开放空间，被两架分别在 150 米和 500 米之外的望远镜接收。结果如何呢？要知道，这两台望远镜彼此根本看不到对方。但是当其中一个光子的状态改变时，另一个处于纠缠态的光子几乎在瞬间就作出了反应。也就是说，实验证明了两个相隔 600 米远的光子仍然处于纠缠态。所以纠缠态是完全真实存在的现象，而绝非什么臆想。

可惜爱因斯坦和玻尔没有听到这些消息，他们一生都竭力在追寻事情的真相，即使有时证明他们是错的。（爱因斯坦和玻尔分别于 1955 年和 1962 年逝世）真不知道如果爱因斯坦还健在的话，他会说些什么呢？

到现在为止，以 EPR 佯谬为代表的纠缠态问题很大程度上还没有定论。如果纠缠态理论确实属实，这就暗示我们宇宙中的物质可能还存在着完全未知的联系。这种量子层面上的联系

① 译者注：2016 年我国发射了世界上第一颗量子科学实验卫星"墨子号"，2017 年全球首条量子保密通信骨干线路"京沪干线"通过技术验收。至此，我国初步构建起"天地一体化"量子通信网络。

早在量子瞬间转移被实验证明存在以前，科幻作家就已经在这一问题上充分发挥他们的想象力了。他们在想，要是我们能够把包括我们自己在内的物体瞬间转移的话，会怎么样呢？1957年的短篇小说《苍蝇》曾被改编到几部电影中，尤其著名的是1958年的（图1）和1986年的。故事中，一个苍蝇碰巧飞到了科学家们正在做瞬间转移实验的舱室中。之后随着实验者和这只苍蝇的分子的融合，发生了一系列恐怖事件。1964年的电影《星际迷航》（图2）中，发明了那句著名台词"把我传过去"。偶尔的误操作会产生有趣的剧情，比如船长邪恶的双胞胎。许多电子游戏（图3和图4）就利用瞬间转移来让主人在不同的场景之间穿梭。不过可惜的是，这些都只是在量子世界里才可能发生的事。

究竟有多广泛，这种联系对我们的宏观世界有什么意义呢？目前这还不清楚。

但在实际应用的层面上看，科学家们正在研制一种以纠缠态为基础的量子计算机。如果他们的研究获得成功，一台量子笔记本电脑的计算能力可能超过现在所有计算机的总和。其他可能的应用还有信息瞬间传递和无法被破译的密码。

看来这种匪夷所思的纠缠态现象也有令人神往的一面。

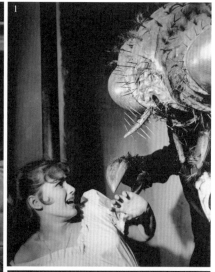

当我们想把什么东西单独拿出来时，总是发现它和宇宙中的其他东西连在一起。

——约翰·缪尔（John Muir，1838—1914），美国博物学家，《深山中的第一个夏天》

超新星

我们的探索永无止境，
一切探索的尽头，
也是一切探索的起点，
而且是一个完全陌生的起点。
——埃利奥特，英籍美裔诗人，《四首四重奏：小吉丁》

我们正十分幸运地处在新发现层出不穷的时代。这就像发现新大陆的那个时代，错过了就再也没有了。我们所处的时代也是发现自然基本规律的时代。
——理查德·费曼，美国物理学家，1964 年的一次演讲

科学的发展决定于系统化的怀疑精神，即连续的、有条不紊的质疑。由于很少有人怀疑自己的结论，因此科学通过回报那些质疑他人的科学家，来永葆怀疑的精神。
——尼尔·德格拉斯·泰森和唐纳德·戈德史密斯，《万物起源：140 亿年的宇宙演化》

20 世纪 80 年代，当布赖恩·施密特（Brian Schmidt）在阿拉斯加读高中时，他经常参加越野赛跑，喜欢弹奏法国号。当时，施密特并不知道将来该干什么，直到有一个职业咨询师建议他应该把自己愿意不计报酬之事作为终身职业时，他才意识到那项职业应该是科学，尤其是天文学。他先后在亚利桑那大学和哈佛大学获得了天文学专业的学士和硕士学位，并在 1993 年取得了天文学博士学位。他在哈佛大学的研究生导师正是超新星专家罗伯特·柯殊那（Robert Kirshner），是他将施密特带进了超新星的世界。

要发现一颗超新星，你首先得对整个星空了如指掌。因为这些会爆炸的明亮天体可能会随时出现在天空的某个地方，而一个月前那儿可能还空无一物。超新星爆炸将是施密特的重要研究内容，他将开发一个程序来让计算机自动搜寻它们。

弗里茨·茨维基在 1931 年最早想出了超新星（supernova）这个词。它是指比新星爆炸更罕见，也更猛烈的爆炸。与超新星不同，新星的爆炸不会完全把恒星摧毁，而是允许一些恒星多次爆发。

高红移超新星搜索小组中的字母 Z 是光谱红移的符号，光谱向红色那一端移动，意味着光源正远离我们而去。所以，高红移就是指十分显著的红移，即它们移动的速度很快。根据哈勃定律，这种恒星一定离我们非常遥远。事实上，高红移超新星搜索小组寻找的就是离开我们几十亿光年之遥，在几十亿年前爆炸的超新星。它们爆炸的光芒现在才到达地球。

目光锐利的年轻人可以和专家一样搜寻宇宙。这是通过伯克利劳伦斯科学馆的一种叫作"动手操作宇宙"的教学程序实现的。他们不断下载同一块天空区域的望远镜照片，然后搜索突然出现的恒星。北卡罗来纳州凯普菲尔高中的教师哈伦·德沃尔（Harlan Devore）处理了这张代号 2006al 的超新星的照片，这颗超新星是他在 2006 年 2 月与别人共同发现的。

对施密特的未来产生重要影响的还有一位名叫珍妮（Jenny）的澳大利亚女孩，他们在哈佛大学相识，那时珍妮正在攻读经济学博士。他们结婚后，施密特在澳大利亚找了一份工作，这使他熟悉了坐落于澳大利亚首都堪培拉附近的世界首台全自动大型望远镜。

到 20 世纪 90 年代末，施密特领导了一个高红移超新星搜索小组（High-Z Supernova Search Team），小组成员包括柯殊那和 20 多位来自世界五大洲的天文学家。他们以锲而不舍的精神搜索着天空。他们的计算机与山顶上高居云端的大型望远镜和绕地球运行的哈勃望远镜连接，利用望远镜传回的数据来寻找超新星。他们试图证明一个天文学的猜想。

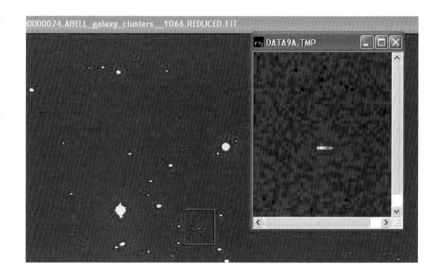

施密特、柯殊那和他们的同行们都相信，天体之间的引力作用，如同一种宇宙级的刹车，新的星系产生，会减缓从大爆炸时代即开始的宇宙时空快速向外扩张的趋势。换句话说，数学方程预测万有引力会不断地减缓宇宙膨胀。但是这一数学上的预测，需要通过比较来自新旧超新星的数据来验证。

在美国加利福尼亚州劳伦斯伯克利国家实验室，精明强干、热情奔放的索尔·珀尔马特（Saul Perlmutter）领导一个"超新星宇宙学观测项目"（SCP）。他们与高红移超新星搜索小组一样，试图通过对超新星的研究，记录下宇宙膨胀速度的减慢。

在 1996 年普林斯顿的一次会议上，珀尔马特提出了他们初步的观测结果。通过对 8 颗超新星的分析，他们发现宇宙膨胀的速度似乎在降低。这一结果并不是结论性的，这也是为什么施密特和他的研究团队决定去寻求与 SCP 同样的目标：他们也希望能确认宇宙减速的速率。珀尔马特的研究主要针对遥远的超新星，而施密特的小组已对较近的超新星作了研究。现在，施密特和他的研究小组也研究了较远的超新星，从而将两者加以比较。在这方面，珀尔马特小组是跑在前面的野兔，而施密特小组是后来的乌龟，在这场龟兔赛跑中，大家都使用了自己设计的出色的计算机程序。

由于全世界适合他们观测用的大型望远镜十分有限，天文学家们只能到处争取观测时间。高红移超新星搜索小组只是众多观测小组中的一个，因此他们分配到的观测时间很有限。

超新星并不都相似，天文学家们把它们分为几种类型。两个研究组的科学家都只对其中的 **Ia** 型超新星感兴趣，它们通常是双星系统中中等大小的恒星演化的产物。双星中的一颗在耗尽所有的氢元素之后塌缩成了一颗白矮星，而另一颗则膨胀成了一颗红巨星。

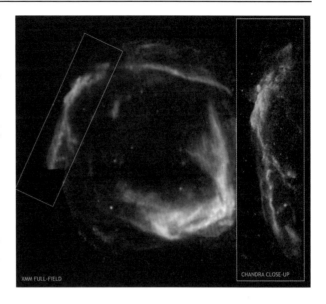

XMM FULL-FIELD

CHANDRA CLOSE-UP

图中是我们银河系中一颗名叫 RCW86 的超新星的残骸。注意中间巨大的空洞，这表明这具残骸已经膨胀了很长的时间——大约 2 000 年。这颗超新星爆炸的时间与目前最早记载的超新星爆炸时间大致吻合，那是中国天文学家在公元 185 年记载的。

我们的太阳永远也不会变成一颗 Ia 型超新星，因为它是一颗孤独的恒星，没有能够吸走它质量或者被它吸走质量的伴星。它也不会变成一颗 II 型超新星，因为质量不够大。只有质量比太阳大得多的恒星才会以 II 型超新星结束生命。那时，耗尽核燃料的它们将会经历巨大的爆炸，然后变成中子星或者黑洞。这种爆炸与 Ia 型的不同，而且强度是变化的。

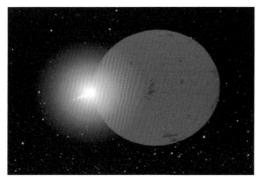

图中名叫 EXO0748-676 的中子星（图中的白点）就像间歇喷泉一样变幻无常。它正吸取它的红巨星伴星，所获得的气体一旦达到了核聚变反应所需的压力和温度，巨大的爆炸就在所难免。

记住，绝对亮度是指一颗恒星究竟实际有多亮，而视亮度是指它看起来有多亮。星体离开我们越远——视亮度就越弱。

这是 Abell 星系团 1066 中一颗代号为 2006al 的超新星出现前后的两幅照片。图中弥散开来的黑点就是 2006al。

Ia 型超新星对我们观测早期宇宙有重要意义：它们不仅亮度均匀，而且这些爆炸的恒星极其明亮，在遥远的地球也清晰可辨。

当这颗红巨星膨胀到触及白矮星的边缘时，它的物质就开始被致密的白矮星吸入。（小而致密的白矮星靠万有引力窃取了密度较小的红巨星的质量。）当白矮星的质量增加到钱德拉塞卡极限，即 1.4 倍的太阳质量时，快速的塌缩开始了，接着就是剧烈的爆炸。

所有 Ia 型超新星在爆炸时几乎具有相同的质量，发出几乎相同强度的光。施密特认为，如果我们能够发现一颗，那么几乎就能把所有的超新星都找到，因为它们具有相同的亮度。而且，根据它们的亮度也能判断出它们离开我们的距离，因为星体离我们越近就越亮。正是由于这个特点，Ia 型超新星可以作为测量距离远近的一种标度。

上述两个小组的科学家都在不断地搜索星空，用计算机研究了上亿颗恒星，通过对比每一天照片上的数据看一看有没有天体出现。一旦发现了新出现的 Ia 型超新星，测量和分析工作就得迅速开始，正如柯殊那所说："新星就犹如鲜鱼，如果你不赶快使用，它们就被浪费了！"搜索和后续的测量工作十分繁重。

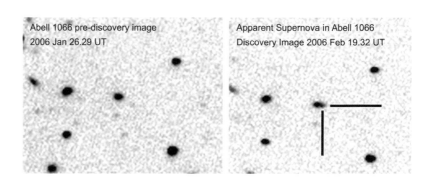

Abell 1066 pre-discovery image 2006 Jan 26.29 UT

Apparent Supernova in Abell 1066 Discovery Image 2006 Feb 19.32 UT

1997 年的一个夜晚，施密特项目组的彼得·查利斯（Peter challis）正在智利盯着计算机屏幕，它连接的是赛拉托洛洛美洲天文台，天文台位于风景秀丽的一座山顶上。查利斯，一个穿着大口袋短裤和网球鞋的大家伙，正面临着为整个小组寻找 Ia 型超新星的压力。来自加州大学伯克利分校的亚历克斯·菲利片科（Alex Filippenko）正飞往夏威夷，他获得了去那里的凯克望远镜观察的宝贵机会。来自欧洲南部天文台的布鲁诺·雷邦格特（Bruno Leibundgut）则计划去智利的另一个巨型望远镜那里观测。菲利片科和雷邦格特都在期待查利斯能找到供他们记录的超新星。

赛拉托洛洛中美洲天文台坐落于智利的高山之巅，翱翔的秃鹫有时也会降落在天文台的窗台上，以期从天文学家那里得到一顿难得的美餐。

科学激发诗兴

美国诗人罗伯特·弗罗斯特（Robert Frost，1874—1963）曾在 1910 年的一次大学教职工聚会上将哈洛·沙普利逼入绝境。后者是哈佛大学著名的天体物理学家。

罗伯特·弗罗斯特　　　哈洛·沙普利

弗罗斯特说："沙普利教授，你很熟悉天文学。那么能否告诉我宇宙最后的归宿是什么呢？"当时沙普利以为弗罗斯特是在开玩笑，但是其实后者是认真的。诗人又问了一遍。沙普利答道："要么地球会被烧成灰烬，要么它会开始永久的冰河时期，直到上面所有的生命灭绝。"

大约 40 年后，沙普利在向一群观众谈起上述遭遇时，说："你们可以想象一两年后，当我碰巧看到他的那首诗时，该有多么惊讶！"沙普利指的是弗罗斯特最著名的诗，出版于 1920 年的《火与冰》。开头是这样的：

> 有人说世界将毁于火，
> 也有人说，将毁于冰。
> 依我所尝之愿，
> 我赞成毁于火。

弗罗斯特是一个诗人而不是天文学家，许多天文学家都预测宇宙在几十亿年后，将会有一个冰冷的结局。（当然，我们还有很多未知的东西。）至于沙普利给诗人的那种灵感呢？他本人相信正是科学给予了他这番"火与冰"的遐想。这个我同意，但是诗句的后面几行跟天文学有关系吗？

　　一颗超新星一旦被发现，对其的观测必须分秒必争。它的亮度可能在很短的时间内就超过一个星系，同时将炽热的气体射向太空。但那只会持续几天或者一个月的时间，然后就慢慢暗淡下去直到从望远镜中消失，只剩下一堆致密的旋转着的灰烬，通常是一颗中子星或是黑洞。

　　彼得·查利斯和他的同事们正吃着披萨。突然，彼得·查利斯大叫道："太好了，找到了一个！"但一个还不够。整个晚上，他们都一直注视着计算机屏幕。在黎明破晓之前，他们发现了更多的超新星。罗伯特·柯殊那这样描述他把清单交给其他组员后发生的事情：

　　他们将综合珀尔马特小组的观察数据，将它们做成一个谱系，由此发现我们孜孜追求的、肉眼无法看到的事物。这个谱系，将会揭示每一个超新星对遥远星系中重元素存量的贡献，并为未来宇宙膨胀的科学预言提供基础。

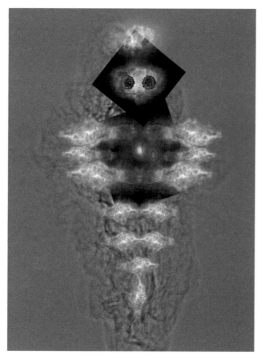

加拿大多伦多约克大学的天体物理学家迈克尔·比滕霍兹（Michael Bietenholz）和诺贝特·巴特尔（Norbert Bartel）激发了数码艺术家巴尔茨·比滕霍兹（Balz Bietenholz）的灵感。后者将他们的超新星残余部分的照片制成了这幅名叫《新星》的作品。

　　我们知道，望远镜能够像时光机一样把我们带回到过去，而且越远的超新星带来的信息就越久远——一个 50 亿光年以外的超新星所发出的光，记录的就是 50 亿年前地球还没有出现之前的宇宙景象。这样，当天文学家们分析一个 50 亿光年之遥的 Ia 型超新星光谱的红移时，就可以得到它离我们而去的速度，这也就是 50 亿年前宇宙膨胀的速度了。然后再通过分析比较离我们较近的恒星的红移，就可以得到目前宇宙的膨胀速度。

　　加利福尼亚大学的亚当·里斯（Adam Riess）帮助分析了施密特小组获得的观测数据，但却没有得到与他预想相吻合的结论。

　　与此同时，劳伦斯伯克利国家实验室的珀尔马特小组也在做差不多的观测和分析。科学记者汤姆·俞斯曼（Tom Yulsman）这样描述珀尔马特：像马拉松运动员一样身材瘦削，但却充满了智慧和热情，他似乎要追上宇宙膨胀的速度。他的小组分析了 40 颗超新星，希望从中获得星系背离我们而去的确切速率。

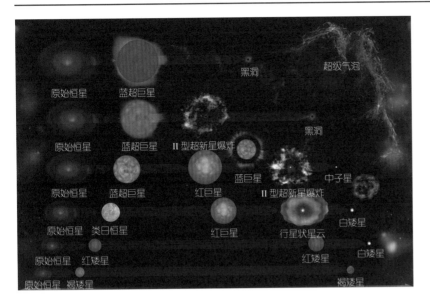

在图中标注的文字：
黑洞　　超级气泡
原始恒星　蓝超巨星

原始恒星　蓝超巨星　II型超新星爆炸　　黑洞

原始恒星　蓝超巨星　红巨星　　蓝巨星　中子星
　　　　　　　　　　　　　II 型超新星爆炸

原始恒星　类日恒星　　红巨星　行星状星云　白矮星

原始恒星　红矮星　　　　　　　红矮星　　白矮星

原始恒星　褐矮星　　　　　　　　　　褐矮星

这幅图展示了 6 种从最轻（最下边）到最重的天体（最上边），从原始恒星（最左边）开始演化（中间）、最后死亡（最右边）的全过程。从下往上数第三行就是黄色的类日恒星。而最上面的一行是最重的恒星，是在代号为 2016yg 的超新星发现后才被填上去的。那是人们第一次观测到不产生黑洞的超亮爆炸。

这两个研究小组都相信，引力的作用倾向于将宇宙中的物质聚集到一起，从而减缓宇宙膨胀的脚步。他们的目标是找到这一结论的确凿观测证据。而确定宇宙的确切的膨胀速度将使我们获得一个较为准确的宇宙的年龄。无论他们的结论是加速膨胀还是减速膨胀，都将使他们得以预见宇宙的未来。

然而，他们的结论却让他们失望了。亚当·里斯通过对施密特小组的观测数据分析后发现，宇宙膨胀的速度竟然在逐渐加快，现在宇宙膨胀的速度比 70 亿年前要快大约 15%。与此同时，珀尔马特小组也得出了类似的结论。也就是说，两个小组的观测结果都事与愿违。

亚历克斯·菲利片科参与了这两个小组的工作，他说："我们仔细检查了观测过程，没有发现任何错误。"费米实验室的迈克尔·特纳说："如果宇宙真是在加速膨胀，就意味着，大部分宇宙都受到一种诡异的能量形式所影响，这种能量会产生一种排斥力。"

天文学给珀尔马特，亚当·里斯和布赖恩·施密特带来了一百万美元！他们因发现宇宙在加速膨胀，而分享了 2006 年邵逸夫天文学奖。这是香港慈善家邵逸夫为天文学、生命科学和医学，以及数学方面的突出成就而设立的奖项。里斯的妻子对此曾说："看来，天文学这玩意儿还真不错。"

排斥力？这里特纳所说的是一种反抗引力的力。如果宇宙是加速膨胀的，那么必定会存在一种反抗引力的力——暗能量。排斥（repulsive），从字面上看来，似有"令人厌恶的"之意。对大多数天体物理学家而言，用暗能量来回答他们的问题确实有点讨厌。柯殊那写过一本书描述他们对这一问题的探索过程，书名叫《奢侈的宇宙》（*The Extravagant Universe*）。"奢侈的"这个词，意味着有点华而不实，犹如一只孔雀。麻省理工学院的乔舒亚·温（Joshua Winn）则认为"宇宙应当比那更简单些"。

到 1998 年，爱因斯坦已经离世很多年了，但宇宙正在加速膨胀的消息把他的名字又带回了《纽约时报》的新闻头条。他一定在窃笑吧！还记得前面提到过的宇宙常数吗？当初它正是被爱因斯坦引入以表示一种和引力相抗衡的力，用来确保宇宙的稳定性。那时他认为，宇宙处于永恒的、无始无终的状态，不存在任何膨胀过程。

在 1929 年，当哈勃通过观测证实宇宙在膨胀、而非处于静态时，宇宙常数似乎不再需要了。爱因斯坦曾对伽莫夫说，引

这幅图是暗物质存在的第一个直接证据，光线靠近或穿过暗物质时，由于引力的作用而发生弯曲。这是距离我们 30 亿光年外，两个巨型的星系团以每小时 1 600 万千米的速度相撞的景象！在这场宇宙级交通事故的复杂图片中，粉红色（经过处理的假色）的部分表示可见的普通物质，而蓝色部分则表示实际上大多数质量聚集的位置。在碰撞中，普通物质因阻力而减慢，但是暗物质却只受引力而不受阻力作用。所以两个星系团中普通物质（粉红色）和暗物质（蓝色）就分离了开来。这直接证明了，星系团中的绝大部分物质是暗物质。

暗能量

要理解暗能量，目前有三种可能的途径：

1. 爱因斯坦的宇宙常数，它意味着暗能量是空间的固有属性；

2. 是一种叫作"精质"（quintessence）的不为人知的能量场。如果它存在，它会像驱动暴涨的能量一样，弥漫在整个空间中；

3. 根本不存在。也许暗能量只不过是错误的理论所造成的一种假象。

从 WMAP 望远镜传回的数据告诉我们宇宙中的暗能量占了 74%，而暗物质占了 22%（下图）。我们能够看见的（由原子组成的物质）只占到 4%，而看不见的中微子只占不到 1%。通过哈勃望远镜完成的名叫 COSMOS 的观测给出了右下边的那幅暗物质的分布图。在最远处，蓝色气泡后面，是宇宙的起始状态。那时，物质的分布还相当均匀。后来，引力的作用使这些暗物质逐渐聚集成团。

入宇宙常数是他毕生所犯的最大错误。他试图忘记它。但是，它却没那么容易被摆脱。

然而，直到 1947 年爱因斯坦还没忘记这个常数。他在给乔治·勒迈特的信中写道："我难以相信一个如此讨厌的东西会被大自然所理解。"而勒迈特则认为宇宙常数并非是个错误，也并不讨厌。他想可能存在一种抗衡引力的斥力。阿瑟·爱丁顿也这样想。

经过五十年，到了 1998 年，两个天文学家团队同时惊讶地发现宇宙在加速膨胀。于是，人们难免又想起了宇宙常数所代表的那种排斥作用。那么这种排斥与暗能量之间又有什么联系呢？

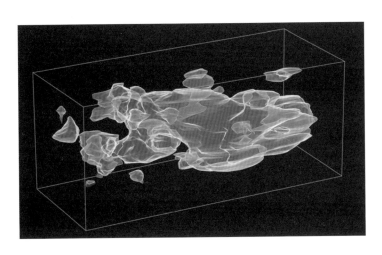

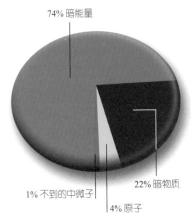

74% 暗能量

1% 不到的中微子

4% 原子

22% 暗物质

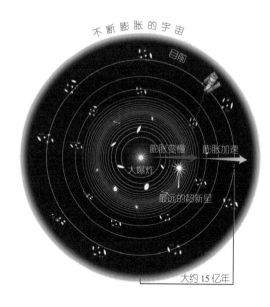

不断膨胀的宇宙

这幅图展现的是自从大爆炸以来宇宙的膨胀速度。最初宇宙膨胀速度不断变缓（红色的环），后来由于某种未知作用克服了引力，宇宙膨胀速度不断加快。膨胀意味着宇宙变得更冷。如果这样继续下去的话，我们的宇宙就会走向一个极冷的状态。而如果将来引力的作用占据主导，它又会把一切拉到一起。我们的宇宙会收缩成一团炽热的灰烬。不过别担心，无论是哪种情形，都将是几十亿年以后的事了。

宇宙常数到底是什么？它究竟是一个名副其实的常数，还是会随宇宙的演化而发生改变？到现在为止还不得而知，很多科学家在为此努力。而对于暗能量，麻省理工学院的宇宙学家马克斯·蒂马克（Max Tegmark）估计，它可能占到了整个宇宙的 74%。（注意，根据相对论，能量和物质是同一事物的两种形式。）

此后，两个超新星研究团队进一步扩展了他们的探索。2006 年，详细的宇宙微波背景辐射图支持了他们的结论，宇宙学的一些基本问题也得到了回答。我们知道了宇宙的年龄，大约是 137 亿年。我们还发现虽然由于物质的存在，空间是弯曲的，但是在宇宙的整体尺度上，空间是平坦的，是均匀和各向同性的。我们也进一步确认，宇宙的膨胀在加速。但我们仍然不了解暗能量究竟是什么，连它是否真的存在都尚未确定。

关于暗能量的研究究竟会不会改变我们对宇宙的认识呢？答案是肯定的，而且它还将关系到宇宙的未来命运。

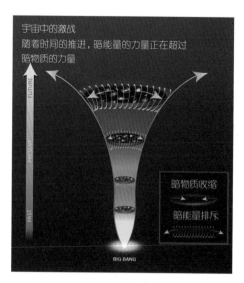

通过观测那些极其遥远的超新星发出的远古的光芒，哈勃望远镜找到了一些证据，表明暗能量正在促使宇宙膨胀。这些证据暗示，暗能量最终将会克服暗物质之间的吸引作用（见左图）。但是，问题始终要比答案来得多：暗能量究竟是恒定的（爱因斯坦的宇宙常数）呢，还是在不断起伏变化呢？它是会继续助长宇宙的加速膨胀，最终引起一个"大崩裂"呢，还是会反过来变成一种吸引作用，最后产生一个"大压挤"呢？

探索暗物质的专家

早在 1930 年，才思泉涌的瑞士裔美籍天文学家弗里茨·茨维基（1898—1974）就注意到了宇宙中一些不可思议的事，似乎没有足够的物质能够维持星系的运转。可见恒星的万有引力，不足以使它们能够围绕星系中心做圆周运动。但事实上，恒星却能维持在它们的轨道上。因此，必定有一些未知的事物将整个星系保持成一个整体。

这并不是茨维基发现的唯一问题。根据万有引力作用以及他所观测到的星系运行速度，他发现，星系的运行速度远远超过了根据可见恒星的总质量所预计的数值。他意识到，宇宙中肯定还有一些奇怪的事物。他说，星系运动得那么快，是因为我们不能观测到其所有的质量，宇宙中的大部分质量必须是黑暗的（即不可见的）。

让我再重复一遍茨维基的发现：宇宙中大部分的物质我们是看不见的。这种未知的物质应该就悬浮在我们周围，它们把星系吸引聚集到一起，而他无法确定它们到底是什么。也许，如果茨维基可以比他那个年代的望远镜看得更远一些的话，他还是会找到一些线索的。

他们讲的是德语还是英语呢？弗里茨·茨维基（左）在瑞士接受教育，后来在加州理工学院任教。而奥托·斯特恩（右）是德国实验物理学家，曾在布拉格协助爱因斯坦工作，后来逃离欧洲。他因验证实物的波动性而获诺贝尔物理学奖。

茨维基想到，因为引力会使光线弯曲，这种折射效应会对那些恒星的光芒产生某种透镜的效果。也就是说，通过一种自然的宇宙透镜，我们能够看到宇宙的更深处。

茨维基的性格古怪，所以他的一些同行并不喜欢他，但他的想法确实颇有些见地。他说，星系会组成星系团或超星系团，散落在宇宙的不同方向上。这在 20 世纪 30 年代大大超出了大多数天文学家脑海中的天体均匀分布的宇宙图景。他对那些看不见的物质和宇宙透镜的一些看法也是正确的。

现在，我们正通过这些自然的透镜来观察宇宙时空的深处。这种引力透镜使我们能够测量遥远天体的轨道和它们之间的相互作用。

至于对那些不可见物质的见解，茨维基也确实超越了他的那个时代。现在我们基本上认识到，宇宙含有大量的我们称之为暗物质的东西，而且它们的数量远远超过了我们能够见到的普通物质。

在茨维基的盛年，薇拉·库珀·鲁宾（Vera Cooper Rubin）还是一个小女孩。她经常坐在华盛顿特区自家的窗户前欣赏夜晚的星空，并为之

什么是暗物质？

我们十分确信，暗物质起源于宇宙大爆炸，而且与普通的原子没有相互作用。我们之所以观测不到暗物质，就是因为它们不是电磁波，不会发光。

至于这种物质的本质是什么，我们还一无所知。有人说，它们是类似于矮星或者黑洞的 MACHO（Massive Compact Halo Objects 的首字缩写，意为致密的光晕状物体）。也有人说它们是 WIMP（Weakly Interacting Massive Particles 的首字母缩写，弱相互作用的粒子），但都没有被观测到过。虽然它们要比普通物质多得多，但至今我们观测的努力都是徒劳的。在明尼苏达州索丹实验室和瑞士的欧洲核子中心可以查到那些探测实验的具体细节。

将来的天文学家还有很多暗物质的拼图要完成呢！

中间蓝色光晕的天体是 Abell2218。这个星系团是我们所知的最令人印象深刻的引力透镜。从 Abell2218 星系图背后射来（灰色带箭头）的星光，受到星系团巨大的引力而弯曲。当这些光线达到左下角的地球时，我们就看见了海市蜃楼般的景象：被遮住的遥远星系被扭曲成弧状并且倍增的像。

着迷。在瓦萨学院学习了天文学后，鲁宾去了康奈尔大学，并十分幸运地成了汉斯·贝特和理查德·费曼的学生。后来她又幸运地成为伽莫夫的学生，并在乔治敦获得了博士学位。

在 20 世纪 80 年代，当她用望远镜在亚利桑那州吉特峰天文台测量星系运转的速度时，她和

鲁宾曾向普林斯顿大学申请学习天文学，但因为是女性而被拒绝。然而，坚强的她仍然成为美国卓越的天文学家，同时她抚养着 4 个孩子并为妇女争取权利。茨维基预言了暗物质的存在，而鲁宾则通过观测证实了这一点。

肯特·福特（Kent Ford）一起看到了令他们吃惊的现象：一个涡旋状星系边缘的恒星氢气的速度，与星系中心恒星的速度几乎相同。星系的边缘到底发生了什么呢？要知道，星系边缘并没有足够的万有引力能够提供那么大的运转速度。以这么快的速度飞行的恒星应该早就飞离了星系才对。那么究竟是什么把星系连同它的边缘聚集在一起的呢？一定有额外的物质来提供引力，也就是那些看不见的暗物质。

鲁宾还记得从茨维基的论文中读到的关于那些"迷失的物质"的描述。她对于 200 多个星系的观测证明了茨维基的预言是正确的。

你是不是有些后悔出生太晚，所有的东西都已经被别人发现了呢？其实大可不必，因为我们还需要宇宙的探索者。21 世纪的科学充满了未解之谜，典型的就是暗物质与暗能量之谜。正如鲁宾所说："让我们把理解宇宙奥秘的乐趣留给我们的子孙后代吧。有超过 90% 的未知物质在那儿，毕竟天空是无限的。"

信息时代的宇宙

我们明天必须学会用信息学的语言来理解和描述全部物理学。

——约翰·惠勒，美国物理学家，"它来自比特"讲座（1989）

信息就像质量、能量和温度一样，虽然你不能看见它们，它们却是实实在在存在的东西——可以被测量和操作。

——查尔斯·塞弗（charles seife），美国科学作家，《宇宙解密》

宇宙会运算。由于宇宙是由量子力学定律所支配，宇宙的运算本质上应该是量子力学运算。它的运算单位是量子比特。

——塞思·劳埃德（Seth Lloyd），美国量子力学工程师，《为宇宙编程》

时 钟是牛顿时代最先进的技术了，所以当牛顿描述宇宙时，他所想象的图景就是一架宇宙级的时钟。

右图是捷克布拉格老城楼上的时钟。这座时钟于 1410 年建成，能显示时间、日历，并装饰有 12 圣徒。左图是 1712 年，为爱尔兰四世伯爵查尔斯·博伊尔（Charles Boyle）的生日而制作的地－月绕日手摇模型。这个名叫奥雷里模型的小机械是在牛顿引入万有引力后掀起的引力热潮中制作的。

是技术引领着我们，还是我们引领着技术呢？这一点恐怕众说纷纭。在一个钟表里，各个零件组成了整个运转的钟。所以在牛顿脑海中，宇宙就像钟表一般运转，关键在于要理解所有那些构成宇宙的零件。在一个充满能量的宇宙里，热力学第二定律（关于熵的定律）则起着统领的作用，场则是各种能量的载体。在一个计算机那样的宇宙中呢？信息就是主宰。

然后蒸汽机的时代来临了，在那时的科学家眼中，宇宙就是一台充满能量的巨型机器。正如物理学家汉斯·克里斯蒂安·冯·贝耶尔所说：

就在1840—1860的大约20年内，能量这个概念被发明出来并成为物理学，乃至所有科学的基石。我们不知道能量究竟是什么，而作为一个坚实的科学概念，我们可以用数学确切地算出它，而作为一种商品，可以对它进行量度、买卖、管控和收税。

上述时钟和机器的比喻背后是科学技术的巨大飞跃。而我们现在是数字技术的时代，因此，这个比喻无疑又发生了变化。当代科学家的宇宙图景是什么呢？

一台计算机。

用数码科技的眼光看宇宙，是信息时代的思维方式。计算机技术和太空旅行技术的发展在20世纪后半叶相辅相成。在"阿波罗"11号飞船登陆月球的1969年，那时的计算机每秒只能传送2 400个字节，而对21世纪休斯敦约翰逊空间控制中心的计算机（左图）而言，这个数字则是每秒300万字节。

确实，某些物理学家就把宇宙描述为一台巨型计算机。20世纪美国著名理论物理学家约翰·惠勒就写道："计算机的基础是建立在对和错的逻辑之上的，我们的宇宙大概也是如此。"

麻省理工学院的工程师塞思·劳埃德说："自然界中最本源的信息处理器就是宇宙本身。每个原子和基本粒子都可以存储信息，它们的每一次碰撞，以及宇宙中每一次类似的微小变化都在有条不紊地对这些信息进行处理。"事实上，我们对于信息本身的理解也在不断地进步，或者说"进化"中。对此，惠勒解释说："我做的物理研究可以分为三个阶段。在第一个阶段，我坚持认为一切物质都只不过是微粒组成的东西。在第二个阶段，我则坚信一切物质都是由场构成的。现在是第三阶段，我有了新的理解，一切都是信息。信息或许并不只是我们对世界的了解，它可能就是这个世界本身。"

这也就是说，信息并不是什么抽象的东西。像能量一样，信息可以被**测量**，可以被**处理**。对惠勒和其他一些物理学家来说，宇宙就是由信息的基本单位构成的。"它来自比特"是惠勒的名言。

比特是什么？它是信息的最小单位。一个比特可以是一个粒子或一个反粒子。它可以成为是或否、对或错、负或正。它可以是二进制数位：0 或 1。"它"是什么？"它"是一个系统：一个原子、一个分子或整个宇宙。"它们"构成了物质世界。当宇宙中的比特被转化成它们时，你就得到星球和星系、蚂蚁和大象。**宇宙中的一切都由比特信息形成**，或者，你可以这样想：每件事或东西（那个"它"）只能像"比特"（信息）所描述的那样真实。

你也许认为，信息虽说是一个有用的概念，却不真实。但是，现代信息学家会回答说，等一等，信息是切实存在的，它是真实的，它可以进行贸易和征税。正如塞思·劳埃德所说："信息是构成万物的最本源的东西，只有这样想，宇宙在你眼中才会变成一台可以编程的计算机。"

在计算机中，一切文字、图片、声音、动画以及点击鼠标的指令最终都要化为 0 与 1 的数字的海洋（下图）。这两个数字是二进制编码的全部。

信息是一种物质；信息是一种隐喻。究竟是哪一个？还记得玻尔和爱因斯坦关于光子本质的争论吗？还记得当法拉第将携带能量的场视为某种物质时，物理学家当初并不相信吗？我们现在都已经承认，光子和能量场是真实存在的东西了。那么，信息呢？

克劳德·香农（下图）正展示着他的老鼠的迷宫。这是最早的人工智能实验之一。这只名叫忒修斯（Theseus，古希腊英雄）的老鼠是一个由电磁继电器驱动的机器。它"出生"于1950年，可以通过搜索迷宫获得的"经验"，从迷宫中的任何一点开始找到它的战利品！

美国科学家克劳德·香农（Claude Shannon，1916—2001）。生于盖洛德，被崇拜为信息理论之父。是的，我使用了崇拜一词。或许这个词有些夸张，不过他确实有很多拥趸。他的母亲是一所高级中学的校长，父亲是一个法官。他的外公，密歇根州的一个农场主，曾经发明了一些农业机器和一种洗衣机。香农本人也发明了一些东西，特别是一些有趣的东西，包括一台小丑接抛钢球玩具、一个下棋机、一个平衡独轮车、一台可以用罗马数字运算的计算机，等等。

数学对香农而言是一种乐趣，他在麻省理工学院学习数学和工程学，毕业后去了新泽西的贝尔实验室。当时的贝尔实验室是个让人自由发挥才能和想象力的好地方。人们有时可以看到，香农一边骑着独轮车一边玩着球从实验室旁边骑过。而他的雇主并不在乎，他们在乎的是他的头脑。

贝尔实验室要求香农弄清楚一条电话线路最多可以同时承载多少电话通信而互不干扰。工程师们非常熟悉如何通过一座桥梁的质量和结构来推算它能同时承载多少车辆，但一条电话线路的承载力问题却不是测量线路尺寸和质量所能解决的。为了解决问题，香农考虑了以下内容：

• 电话线路接通和关闭的原理；

• "布尔逻辑"（基于0和1的二元系统）；

• 热力学第二定律，它与熵或者说系统的无序性有关。

香农看到了电话通断与布尔逻辑之间的关联，并把熵与一条消息中的信息短缺相联系。他发现，电话线路上传递的信号可以被大大压缩而不丧失它们所携带的信息。

香农还想出了一套办法，能够用数学来分析一段信号或一个系统，从而把它们变成和能量、质量一样可以测量的东西。大致说来，他的办法就是把所有的信息转换成二进制代码（0 和 1），然后对 0 和 1 进行运算。香农选择二进制并不是随意的，根据乔治·布尔（George Boole）的数字逻辑运算理论，他证明了二进制的比特运算是目前最为经济的一种信息处理方式。

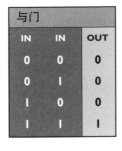

与门		
IN	IN	OUT
0	0	0
0	1	0
1	0	0
1	1	1

或门		
IN	IN	OUT
0	0	0
0	1	1
1	0	1
1	1	1

他的工作为后来计算机的出现铺平了道路，奠定了经典信息论的基础，是包括手机、平板电脑在内的一切数字通信和计算工具的理论基础。注意，前面我使用了"经典"一词。但我们生活在量子宇宙中，经典科学只能解释它的表象。

正如惠勒所说，"宇宙不可能是一台巨型机器，由以前建立的连续性物理定律所辖制"。什么是连续（continuum)？对经典物理学家说，它是个常用词，意味着没有间断，如同我们看待流水一样。我们现在知道没有东西是连续的。物质和能量都由微小的一份一份（普朗克量子微粒）所构成，这就导致了不确定的叠加态，即物质既是波又是粒子，直至我们进行测量时它才仅表现为其中之一。

这些量子微粒中的每一个都有自己的身份特征并携带本身的信息。这信息可以相加、相减、混合，并且可以被测量。经典量子力学回答问题时使用是或否、冷或热，但绝不同时使用两者。

惠勒和其他一些物理学家在量子力学的基础上进一步提出了量子信息理论。对这一理论的了解将使我们跨越一大步，远远超越我们当前的计算机。根据量子信息论，你可以同时使用

简言之，能量会自发地传递开来，但总是从热的向冷的地方传递。熵是这种可传递性的量度。

这是数学家乔治·布尔（1815—1864）1847 年的铅笔素描侧面画。他发明了以他的名字命名的二元逻辑（只包含 0 和 1），也就是布尔逻辑，这是现代计算机程序语言的基础。在数据检索中使用"与"（and），就意味着只有两个词同时出现的数据才会被找到。在布尔逻辑中，这就相当于"与门"那张表的行为：只有两个输入"IN"同时等于 1，结果"OUT"才会是 1。类似地，"或"也就是"或门"那张表，只要有一个输入是 1，结果就会是 1。

哈佛大学的埃里克·赫勒（Eric Heller）制作了这张波粒二象性的计算机模拟图。图中球面上那些密密麻麻的路径模拟了那些粒子通过运动而形成"波列"，然后通过相互碰撞而形成量子混沌。

对科学家而言，"连续的"（continuous）就意味着一整块。我们在上面写字的桌子看起来是一整块，但实际上是由一个个原子构成的，它们不仅在运动中，而且原子之间还有空隙。在量子物理的意义上，没有什么东西是连续的、整块的。

量子比特可以同时是 0 或者 1，它可以处在二者的叠加态。这一点使量子计算机可以同时参与两种运算。右图是一个"量子电路"的放大图，上面还加了一个自旋的符号。

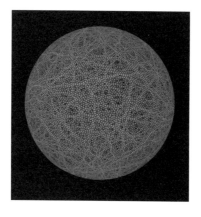

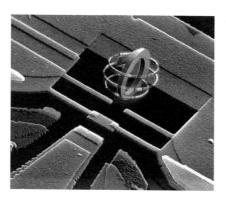

是和否，你可以处理薛定谔的"既生又死"的猫，你可以同时进行两组或多组运算操作，但前提是我们需要有可以取代经典比特的东西。

1992 年，两名物理学家威廉·伍特斯（William Wootters）和本杰明·舒马赫（Benjamin Schumacher）于俄亥俄州的凯尼恩学院相聚（舒马赫是凯尼恩学院的教授），他们希望找到量子信息的计量方式。开玩笑地，他们将这一计量方式称为 qubit（即 quantum bit，量子比特）。舒马赫说："我们都觉得这个名字很好笑。但是，我后来越想越觉得，这个名字真不错！"现在，量子信息领域已经接受了"量子比特"这个词。对于一个量子比特而言，它可以同时是 0 和 1。就像量子波 / 粒子，一个量子比特在被测量之前是一种叠加态。就像一个光子可以同时通过两条窄缝一样，一个量子比特的信息可以同时进行两路运算。作为一名量子信息学的工程师，赛思·劳埃德就把整个宇宙理解为一个巨型的量子计算机，这与把宇宙看成现有的数字化计算机完全不同。数字化技术依然遵循经典科学的定律，而量子技术遵循量子科学的规律，它涉及叠加态和纠缠态。

想象一台量子计算机里，它的一个量子比特在对计算机发指令。它说：0 的意义是"做这个"（比方说 2+2），1 的意义是"做那个"（比方说 3+1）。现在假定这个量子比特是在 0 和 1 的叠加态，则它的指令意味着计算机要同时执行"做这个"和"做那个"。换句话说，如果一台计算机是量子计算机，它就必须要利用量子叠加态。作为这个叠加态的一部分，量子计算机在计算 2+2，另一部分则在计算 3+1。而且，量子计算机不会仅限于采用一两个量子比特进行同时运算，它可以采用三个或者更多。每增加一个量子比特，它的计算能力就指数级增长。赛思·劳埃德说："即使只有很少的几个量子比特，它们在计算时由于相互纠缠也具有非常丰富的结构。一台只拥有 10 个量子比特输入的量子计算机就可能同时进行 1 024 路运算。而如果有 20 个量子比特输入，并行运算的个数就将是 1 048 576（2^{20}），一台拥有 300 个量子比特输入的量子计算机，将可同时执行 2^{300} 组运算，这比宇宙中基本粒子的数目还多。"

一个经典的比特只能表示单个二进制代码（是或否），而一个量子比特有可能携带无限多的经典信息。但是，类似于量子微粒被观测时的情况，当一个量子比特被用于计算后，它就不再处于不确定的状态。也就是说，观察一个量子比特将导致对它的改变，它变回经典的比特，变回人们可以理解的基本模块：上或者下，左或者右，1 或者 0。

观测这件事情是量子世界诡异特征的核心。观测者是整个观测行为的一部分。

查尔斯·巴比奇（Charles Babbage, 1791—1871）设计了早期的用来计算的器具，但他从来没有把它们变成现实。英国科学博物馆的专家们对这种器具如何工作很感兴趣，于是将他 1847 年的计划变成现实，制造了差分机二号（上图）。现在人们设想中的量子计算机（下图）也使用相同的二进制基本系统，只不过是把这种用开关的通和断来实现 0 和 1 的原理上升到了一个新的、强大得多的高度。

过去，我们被告知巨大的宇宙不需要我们人类，我们是微不足道的。但量子理论认为未必如此。对此，惠勒又说："物理世界在某种深层意义上与人类紧密相连。"

在牛顿的宇宙中，人类没有什么重要性，我们可以观察，却无法决定科学规律。伽利略和爱因斯坦将我们带到更广阔的宇宙图景中。按照相对论，你的观测点（在船舱还是岸上）决定你看到什么。而在量子理论中，看到什么是取决于观测者的。一个光子（或电子）是粒子还是波，要到有东西或人触动或测量它时才能确定。从科学演化的角度看，我们人类既是观测者，也是参与者。今天有些物理学家告诉我们，**我们的宇宙是"参与者的宇宙"**。

默里·盖尔曼（Murray Gell-Mann）是一个怀疑论者。他声称："在量子力学中有太多关于观测者的无稽之谈。"然而，他

信息论把我们带上新的舞台

我们的科学旅程从亚里士多德和托勒密（Ptolemy）开始，他们认为地球就是宇宙的中心。像住在与世隔绝的城堡中的贵族那样，我们以为所处的是整个宇宙中最美好的地方，尽管我们对外面的世界其实毫无所知。

然后是哥白尼、伽利略和牛顿。他们拓宽了我们的眼界，并且使我们看到了头脑和理智的力量，然而我们在宇宙中的地位却大大降低了。

现在，在那些巨人逝去几百年后的地球上，科学又在告诉我们，我们人类实际上可能也是宇宙这幕大剧中的演员。我们可能是宇宙进程的参与者。这些都是名为信息论的新科学告诉我们的。

我们地球人类不再孤立于我们自己的世界。这些大约在1830年制作的便携式地球仪看起来就在暗示：我们是更广大的宇宙中的一员。

对此又补充道："当然，在量子力学中观察者是有一定位置的，因为量子力学给出的是概率。而你试图谈论取决于那些概率的事情，这就是观察者的真正角色。"但有一件事情是明确的，不确定原理主宰下的宇宙不能类比为一台机器。将宇宙还原为它的组成部分，不能得到所有问题的答案，考虑宇宙整体会更有收获。今天的物理学让我们思虑一系列令人瞠目结舌的课题。我们的智力背包中不仅有不确定性，还有黑洞、暗能量、暗物质、纠缠态、信息论、量子引力、弦论、虚拟粒子和虫洞——这些还只是针对初学者而言的。它们之中没有任何机械或钟表之类的东西。我们人类的所在只是宇宙汪洋大海中的一粒沙尘，

量子计算会在多大程度上改变我们的世界呢？想象一下，你的整个图书馆的藏书都能够储存在你的耳坠那么大的计算机里！而这台量子计算机可以回答你提出的一切问题。但问题是，你知道该问什么问题吗？相比计算机，这个世界总是更需要思考者。

这些澳大利亚国立大学的物理学家们戴着护目镜，正在用激光来操纵量子信息处理器中的自旋状态。让他们出名的成就是实现了"第一个固态、2量子比特的逻辑门"。

我们所在的银河系与数以百万计的其他星系没有太大的不同。但是，我们有自己的独特之处。我们拥有能够进行信息处理的DNA，它们让我们能够思考和计算。而宇宙中绝大多数信息处理过程（原子与原子的相互作用）都不是思考过程。人类思想家们在20世纪共同创造了奇迹。那么，下一步我们的思维会不会有新的突破呢？

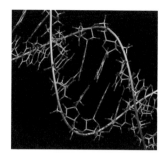

和计算机一样，DNA 分子也有处理信息的密码。比如说，这些碱基对序列就能够决定哪些蛋白质将被合成。DNA 分子通常以双螺旋的形式存在。

约翰·惠勒认为，现今的科学成就只是婴儿学步而已，接下去的发现才可能真正改变我们在宇宙中的存在方式。为此，他认为人类的思考方式需要一次革命："这场思维和视野的革命将使人类历史上过去所有的革命都黯然失色。而当它真正到来的时候，我们大概会感叹道，自然界原来是多么简单和美丽啊！我们当时怎么就没想到呢！"

我们的每一个细胞都是能够存储信息的机器，它们的运行非常完美。我们的遗传信息可以几乎完美无缺地一代一代复制下去。

——查尔斯·塞弗，《解码宇宙》

寻找织布机的诗人

1999 年，在一篇名叫《从黏土中找出钻石》的论文中，夸克的发现者，诺贝尔物理学奖得主默里·盖尔曼考虑了如何在信息的汪洋大海中提取有用知识的问题。文中他引用了美国诗人埃德娜·文森特·默蕾（Enda St. Vincent Millay）的诗句：

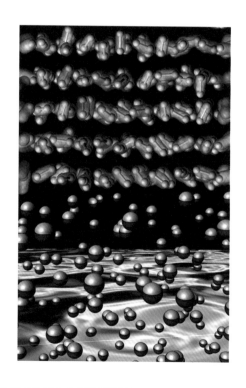

在这幻想的年代，在这黑暗的时间，
天上降下了流星雨，
这雨毫无线索、组织和规律，
理智就像每日的纺纱，曾将我们带出蒙昧，
寻找这织雨的织布机，却希望渺茫，
从茫茫的陨雨，走向纯粹的科学，这就是我们的道路。

用"流星雨"来作比喻的数据，是用来模拟一个固体分子（右图上）转变成量子液体过程的（右图下）。这是在很高的压力下氢的行为。超级计算机"蓝色基因 –L"在 2006 年模拟这个过程时，创造了每秒 207.3 万亿次浮点运算速度的世界纪录。

外面有人吗？

> 空间，终极的界限。这就是星舰企业号的旅程。它在未来 5 年内的使命是，探索新的世界，寻找新的文明，涉足人类从未踏过的地方。
>
> ——吉恩·罗登伯里（Gene Roddenberry, 1921—1991），美国电视制片人，《星际迷航》

> 一千年前，每个人都认为地球是宇宙的中心。五百年前，他们认为地球是平的。15 分钟前，你还以为只有我们地球上有人类。想象一下，你明天会知道什么······
>
> ——两个政府探员凯［Kay，汤米·李·琼斯（Tommy Lee Jones）饰］与杰伊［Jay，威尔·史密斯（Will Smith）饰］在遭遇外星人后的对话，电影《黑衣人》

> 如果宇宙中真的存在外星人，他们看待事物的方式可能会与我们大不一样。但是如果我们能够建立联系的话，我们一定会有至少一个相同的兴趣所在，我们一定由相似的原子构成，并遵循相同的物理定律。
>
> ——马丁·里斯（Martin Rees），论文《宇宙学难题：我们是否孤独？》

你相信有外星人吗？核物理学家费米是个怀疑论者，他曾问过："如果外星人是司空见惯的话，那么他们都在哪儿呢？"

到现在为止，对外太空智慧生命的探索仍是一无所获。一些严肃的科学家认为地球上的环境条件是极其特殊的，所以人类在宇宙中也是独一无二的。而另一些科学家则相信，因为我们只搜索了我们附近的宇宙，我们下的功夫还不够，花的时间也不长，所以下结论还为时过早。

根据诺贝尔奖获得者、比利时生理学家克里斯蒂安·德迪韦（Christian de Duve）的观点，生命几乎只可能在类似于地球 40 亿年前的物理条件下产生。

著名天体物理学家，纽约市海顿天文馆馆长尼尔·德格拉

费米一个漫不经心的问题"他们在哪？"激起了人们对外星人想象的热潮。下图所示的外星人 ET 就是一种比较和蔼可亲的形象。费米的这个问题现在被称作"费米悖论"。

如果外星生物存在于遥远的星球上，那么他们究竟会长什么样子呢？这是科幻小说爱好者和科学界都十分关心的问题。科学家跟小说家不一样，右图所示是他们专门依据一颗想象中的名为"奥瑞利亚"的星球的环境，设计出的两足动物形象。这些动物正在躲避它们的太阳（一颗永不降落的红矮星）的一次耀斑爆发。包括这种动物在内的一些根据科学知识而想象出来的外星生命形象，被收录在《国家地理》杂志2005年的专辑《地外生物》中。

斯·泰森则认为，现在就说地球是宇宙中唯一存在生命的天体，实在是"太过以自我为中心的结论"。英国皇家学会主席马丁·里斯则认为，这方面未来50年内的最大挑战是，找到确切的证据来证明地外智慧生命存在与否。

其实就连牛顿也承认存在地球以外的生命的可能性。在他的私人信件中，他曾经写道，就像地球上到处都是人类一样，天上的星球上也很可能布满了秉性不为我们所知的外星人。现在也有不少宇宙学家、天体物理学家、天体生物学家及其他人相信，有朝一日一定能够在天外找到生命的迹象。这会不会是智慧生命？我们能否与其沟通？除非我们去寻找，否则永远不会知道。而我们现在正在这么做。这种搜索在几十年前还只是科幻小说里的东西，而现在已经成为主流的话题。

人类的太空时代开始于1957年10月4日，在那一天苏联将人造卫星"飞船1号"送入了地球轨道，并且环绕地球92天。同年，第一台真正的大型射电望远镜在英国乔德雷尔班克实验中心建成。

但是，至少以目前的科技水平，我们并不会像科幻小说或者电影里说的那

样，乘上火箭、踏上星际旅途去寻求外星生命。要知道，银河系中大概有 1 000 亿颗恒星，相邻恒星之间的距离大约为 50 万亿千米，光也需要用地球上 5 年的时间才能走过。但是，只有光可以以光速运动，而我们现在还没有任何交通工具能够以接近光的速度运动。

但我们确实拥有使星际通信成为可能的技术，只要其他星系中的文明也跟我们一样在寻找，也在发射或搜索信号。银河系中大约十分之一的恒星是类日恒星，我们现在知道，它们中有很多也像太阳一样有行星环绕。它们中有约 1 000 颗离开我们不到 100 光年，这个距离对于星际通信来说足够近了。

那么，我们应该如何开始搜索呢？

• 一种办法是发出无线电波信号等待回答。但是我们的无线电技术只有 100 年左右的历史，我们还不能发出足够强大的无线电信号来传播很远的距离。

• 另一种方法是等待外太空的无线电信号，这就必须假设外太空有比我们更加先进的文明，足以发出比我们强大得多的无线电信号。

• 还有一些天体物理学家们提出，我们可以监视太空中所有可以检测到的雷达、电视和调频收音机等信号，以搜寻其中夹杂的外星人电波信息。澳大利亚的米卢拉射电望远镜阵列，它的设计目标是探测初期宇宙形成的氢原子，但也可以侦测可能从比邻星球发出的可疑信号。

光从地球到月球需要 1.3 秒，而一艘宇宙飞船则需要约 14 个小时走完这段路程。

新墨西哥州国家射电天文台操纵的超长基线阵列（VLBA）是由 10 台射电望远镜组成的网络。天文学家们正用它时刻监视着宇宙。如果在太空中的其他地方发现了生命，会不会改变宇宙和人类的关系呢？

1958 年，康奈尔大学的天文学家弗兰克·德雷克（Frank Drake）在西弗吉尼亚州的格林班克利用射电望远镜工作时，就一直在思考，如果宇宙中的其他地方存在智慧生命，我们该如何与他们取得联系。一年后，康奈尔大学的两位天体物理学家菲利普·莫里森（Philip Morrison）和朱塞佩·科科尼（Giuseppe Cocconi），就各自独立地在英国著名的科学期刊《自然》上发表

罗马时代的原子

在公元前 1 世纪，罗马诗人卢克莱修（Lucretius）就写过关于"原子"和"其他世界"的文字。下面这些诗句是从他六卷本的作品《物性论》中摘录的。在这部著作中，卢克莱修把德谟克利特（Democritus）和伊壁鸠鲁（Epicurus）关于宇宙起源的理论变成了精巧的拉丁文诗。同时，作为哲学家的卢克莱修也相信，许多罪行都来自迷信和无知。

我已反复说过，你需承认，

在宇宙的其他角落，

也有与这里的原子相似的存在，

且它们的周围，都有以太环绕。

原子所在的时间，原子移动的空间，

无论物质与因果，都不会带来延迟。

产生的过程仍在继续，无知仍在产生……

你必须承认，天上的其他角落，

还有其他族裔的人类，还有其他品类的野兽，

还有其他的世界存在。

无一物独自产生，独自成长；自然界中没有独一无二。

弗兰克·德雷克坚信外星生命存在。他的背后就是西弗吉尼亚州的格林班克国家射电天文台。这是他于 20 世纪 60 年代开展早期地外生命研究的地方。

文章，指出太空通信最可行的方式就是利用微波波段的无线电波。他们甚至建议，可以尝试首先使用氢原子的自然振动频率 1 420 兆赫。"成功的概率是难以估计的。"他们写道，"但如果我们永远不去搜索，成功的概率就会是零。"

1960 年，德雷克将频率调到 1 420 兆赫，花了两个月时间仔细侦听了附近的两颗类日恒星：鲸鱼座 τ 星和波江座 ε 星。他用《绿野仙踪》中主人公的名字命名他的工作为"奥兹玛项目"。德雷克并没有听到外太空的任何对话。

但这只是个开始。他不久邀请了 12 名他认为对搜寻外星生命抱有严肃态度的学者来到格林班克。为进一步锁定搜索的目标，德雷克还想了一个方程。这个方程的目标是找到 N 的大小。N 代表银河系中能够与我们进行通信的文明个数，R 表示每年银河系中大概产生的恒星个数。如果我们知道了 R，再通过下面这些问题就可以缩小估计值 N：其中有多少个恒星是稳定的？有多少个绕恒星运行且适宜生命生存的行星？

德雷克方程

| 银河系中能够通信的文明的个数； | 银河系中每年产生合适的恒星的数量； | 合适的恒星中有行星的百分比； | 每个合适恒星中适合生命的行星（或者卫星）的个数； | 适合生命的行星中确实存在生命的百分比； | 有生命的行星中拥有智慧生命的百分比； | 智慧文明中能够通信的百分比； | 能够通信的文明的平均存在时间。 |

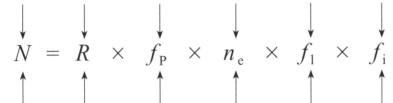

$$N = R \times f_P \times n_e \times f_l \times f_i \times f_c \times L$$

| 德雷克在1961年的估计是10 000个。N的最小值是1，就是我们自己。 | 德雷克当时的估计是10颗，现在的估计一般是1颗，但如果你把与太阳不同的恒星也包括在内的话，那么有人估计为6颗。 | 德雷克的估计是50%。现在通过对地外行星的观测，估计这个数字可能高达90%，但是也有人认为可能只有10%。 | 德雷克估计是2。我们的太阳系拥有至少1个这样的行星，但是火星和其他几颗卫星也可能支持生命存在。 | 德雷克估计是100%，也就是说只要环境合适，生命就一定会产生出来。也有些科学家没有这么乐观。 | 对这一数字我们一无所知。另外，怎样才叫"智慧生命"？对这一点学术界争议很大。 | 我们对此也所知甚少。在地球上的诸多物种中，我们人类是唯一可以通信的一个。 | 德雷克估计是10 000年，但是谁知道呢？我们了解无线电是从1937年开始的，也就是说还不到一个世纪。 |

德雷克方程估算了银河系中能够向空间发送无线电信号的文明的个数（ N ）。这个公式的问题在于，右边所有的字母所代表的数字要么是不够确切的（比如 R ），要么就是根本未知的。最后一个字母 L 是数值最模糊的一个，但恐怕也是最重要的一个：高等文明究竟能够持续多久？对此，我们也许应该对照我们自己，尤其是几千年来的艺术、宗教、军事、科学成就以及历史记录来看。我们的文明究竟还会持续多久呢？我们的文明发展得越久远，我们联系到地外文明的机会也就越大。

太阳

在2005年，左图是通过对银河系中3 000万个恒星的扫描制作的示意图（俯视）。

有多少种对生命存在有益的化学成分？

德雷克方程认为，既然生命能够在地球上通过正常的演化过程产生，当然也可以在其他地方出现。在 20 世纪 80 年代，德雷克曾写道："在宇宙中，任何可能的事情都会发生。在某处存在生命，尤其是会使用技术的智慧生命，也应该不是什么令

宜居区域（Habitable Zone）是指那样的一个区域，该处的行星被它所围绕的恒星加热到恰到好处，液态水不会沸腾殆尽或全部凝结，从而生命可以存在。我们的太阳系处在银河系的宜居区域——它离开银河系炽热中心的距离就十分适当。

天文学家卡尔·萨根推广了德雷克的方程，使得整个宇宙也被考虑在内。在 1966 年，萨根（上图）和苏联天文学家约瑟夫·什克洛夫斯基（Iosif Shklovskii）共同出版了具有开创性意义的著作《宇宙中的智慧生命》。这是冷战时期少见的美苏科学家的合作，并最终发展成了一些联合空间探索项目。

使用德雷克方程就意味着用概率理论来考虑问题：它可以在你还不能事先确定许多细节的情况下，用统计的方法来知道不同结果发生的概率。但是，由于太多未知因素的存在，这个方程还只能对可能的结果给出一个相当宽泛的范围：从一（只有地球一个星球有生命）到成千上万。有人说这种结果毫无价值，但也有人说这有助于使我们搜索的思路更加清晰。

人吃惊的事！"

回到 1961 年，德雷克和他的同行们在格林班克开会。他们预测，在距离地球 1 000 光年的范围内就应该存在着拥有智慧的文明，而整个银河系应该有 10 000 个这样的文明。虽然许多人都认为这是天方夜谭，但是一个叫卡尔·萨根的哈佛大学教授却不这样想。1968 年，萨根是康奈尔大学著名的天体物理学家，同时还是一位作家，写过一些畅销书和影视剧本。萨根接受了上述外星人搜索背后的想法和乐观情绪，并把它带给了社会大众。

萨根、德雷克和其他一些人在 1984 年发起并建立了搜索地外文明的研究机构（SETI，Search for Extraterrestrial Intelligence），并于 1992 年 10 月 12 日正式开始了观测活动。选择这一天是经过深思熟虑的，500 年前哥伦布也在同一天作出了人类有史以来最大的地理发现。从那时开始，那些参与 SETI、NASA 以及其他太空探索的人们都相信，**如果发现了地外智慧生命，那将是人类自古以来最大的探索发现。**

如今，搜索地外文明项目使用加利福尼亚州北部的艾伦射电望远镜阵列全天候地观测着地外无线电信号。这座由微软公司创始人之一保罗·艾伦（Paul G. Allen）

自然界是被无情的数学规律统治着的……如果我们真的发现了地外生命，并且把他们的科学成果翻译过来，我们就会发现，他们和我们发现的是相同的自然规律。

——史蒂文·温伯格，美国物理学家

爱与战争

德雷克方程中的 L 表示存在的时间[1]，也就是一个技术社会在摧毁自己之前能够存活的寿命。对于人类会用各种发明来摧毁自己的同类的这种现象，罗马诗人奥维德（Ovid）曾经做过精辟的评论，以下是他的长诗《爱》的节选："聪慧是人类的本性，人类是发明的受难者，毁灭性的创造力，为何会有城墙和塔楼？为何会有战争的武器？"

---

① 译者注：L 是英文 Love 的首字母。

资助的射电望远镜阵列坐落在旧金山东北 466 千米的山区，最终规划由 350 座 6.1 米直径的射电天线构成。每台天线都可以同时探测几个波段的无线电波信号。其中最常监听的就是一个叫作"水洞"的波段，它是无线电频谱中噪声相对较小的一段。而且它还包括氢原子和羟基所发出的微波的频率，因为这个频率所代表的电波就暗示着水的存在。而一般认为，水是生命存在的必要条件。正像动物聚集在水源地附近，我们猜想智慧文明也会聚集在这个最佳无线电波频率附近。

到 2015 年，艾伦望远镜阵列已经探测了超过 10 万颗恒星。它所获得的信息被搜索地外文明研究机构发送到互联网上，由全球的计算机用户来志愿进行分析，从而设法从中找到某种有意发出的、非自然的宇宙电波信号。

寻找适合生命生存的行星的"哥蒂洛克斯"搜索，以童话《金发姑娘哥蒂洛克斯和三只熊》中的主人公命名。一颗行星要适合生命存在，它就不能太冷或者太热，而且如果要像我们地球这样的生命存在的话，该行星所围绕的恒星必须像太阳那样，既不能太大，也不能太小。此外，上面还应该至少具有碳、氢、氧、氮等元素，而水是细胞生长的传递介质。因此，目标是寻找拥有液态水和碳、氢、氧、氮等关键元素的行星。

与此同时，生物学家和天体生物学家们正在用最新的科技

射电望远镜大多并不是主要用来搜寻外星生命的。SETI 在南半球阿根廷的基地（上右图）以及艾伦射电望远镜阵列（ATA，上左图）则是例外。在南半球，SETI 可以清晰地看到银河系的中心，在那里到处都是各种恒星和行星。而当艾伦射电望远镜阵列 ATA 建成后，大约 350 台射电天线将投入工作，它们所搜集的无线电信号有望给我们带来外星文明的信息。

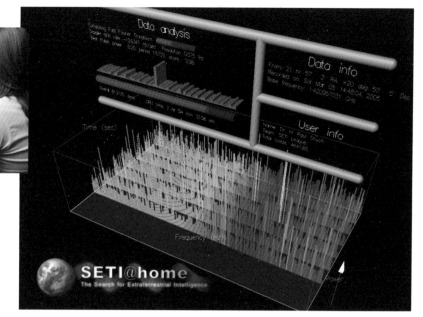

图中是 SETI@home 项目的屏保图片，这一项目让所有计算机的人都可以参与到搜索外星文明的行动中来。它使得数以百万计的计算机在空闲时都能参与处理全球射电望远镜收集到的海量的无线电数据。所有这些共同努力的目标，就是能够找到这些数据中的智能信息的痕迹，即可能是在氢原子频率上的反复出现的信号，比如一串质数，等等。

记住，如果一个离我们300光年的地外文明正在看着地球的话，那他们看到的将是300年前的我们。那是16世纪的人类，没有飞机、汽车、电话和电灯，当然也没有能够和他们通信的无线电。要知道，最早的射电望远镜直到1937年才出现。

来分析地球上的生命形态，以期达到前所未有的研究水平。现在已经知道，地球上所有形态的生命都有一种共同的语言，那就是以 DNA 为基础的基因语言。"这就好比是，尽管存在数千种人类语言，所有的生命却是用相同的字母表和具有相同意义的单词写就的！"物理学家乔尔·普里马克（Joel R.Primack）和南希·埃伦（Nancy Ellen）这样评论道。那么人们自然要问，地球以外可能有其他不同的生命语言吗？它可能不以 DNA 为基础吗？地球上支持生命的条件是放之宇宙而皆准的吗？外星人的生命必须和我们相似吗？目前还没有人可以回答这些问题。

如果我们在太阳系的某颗行星或者卫星上发现了生命的迹象，无论是现存的生命还是生命的遗迹，那都将表明，基本的生命形式遍布宇宙的各个角落。根据2006年12月美国宇航局火星探测器发回的照片，科学家们宣称，他们找到了火星上的泥石流的确凿证据。这将意味着火星上可能曾经存在液态水和微生物。而后者如果成为事实，这将是地外生命探索的重大突破。

在几年前，我们知道的所有行星都在太阳系内。而近几年来，通过强大的行星探测望远镜，科学家们已经在太阳系外找到了几百颗"系外行星"。所以我们现在可以基本确定，这样的系外行星在宇宙中到处都有。而且，从已经发现的行星来看，它

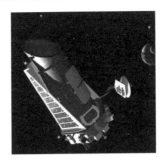

于2008年发射升空的开普勒望远镜（左图），是一架专门用来搜索拥有小型岩石行星的恒星的空间望远镜。它搜索的办法就是观察该恒星亮度的周期性变化，这是由周围的行星公转时周期性地遮挡造成的。

天体物理学家的问题清单

生命是从地球上起源的，还是从其他星球上带来的呢？

我们的这种生命是不是地球上唯一的一种生命形式呢？还是本来还有其他的生命形式，只不过在进化的过程中灭绝了呢？

智慧生命在地球上花了大约45亿年才进化出来。在这45亿年中，虽然发生过大规模物种灭绝，巨大的陨石撞击和显著的气候变迁，我们星球的环境还是大致保持稳定的。这种稳定的状态在生命进化的过程中到底起了怎样的作用呢？

技术高度进步的智慧文明会不会通过战争把自己灭绝呢？

地球上诸如火山爆发和板块漂移等地质活动，促进了碳等生命的必要化学元素的循环。那么还有没有其他方法来提供这些元素呢？此外，生命能不能从其他的元素中发展起来呢？

月球的存在使得地球的自转和气候变得稳定。那么宇宙中有多少行星有这样的巨大卫星在环绕呢？如果没有月球，地球上的生命还会发展起来吗？

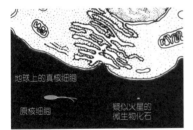

地球上的真核细胞

原核细胞　　　疑似火星的微生物化石

银河系中心地带存在着至少一个巨大的黑洞和诸多高能的超新星，那里因而充满了危险的辐射，使得生命存在的机会变得渺茫。远离中心地带的区域没有很多超新星或星际尘埃，而星际尘埃中所包含的重元素恰恰又是固态行星和生命存在的必要条件，所以那里也是不适合生命存在的。那么，究竟哪里才是星系中的宜居区域呢？

如果我们是唯一的一种生命形态的话，我们是否可以把我们的这种生命播撒到其他的行星上？我们已经知道地球不可能永远存在，我们能找到一个新家吗？

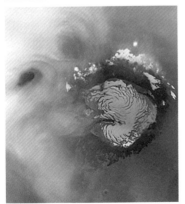

火星（下图）过去是不是曾经温暖、湿润到足以滋养生命呢？那里的生命化石是不是可能通过陨石落到地球上呢？1984年人们在南极洲发现了一块编号为ALH84001的火星岩石，上面有极其细微的神秘条纹。这是生命吗？据现在所知，答案是否定的。这种疑似微生物化石的尺寸（上图右下角一个小点），要比地球上任何细胞（上图上面及左下的说明）都要小得多。

们的种类相当丰富。1992 年发现的第一颗系外行星围绕着一颗脉冲星公转。脉冲星是一种旋转的中子星，可以每隔一定的时间向周围发出强烈的无线电信号，所以围绕它的行星存在生命的可能微乎其微。然而 1995 年，瑞士日内瓦天文台的两个研

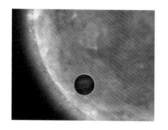

如何从一个恒星的耀眼光芒（右图）中识别出一个像小黑点那么大的行星呢？通常都要用一些非常间接的办法。如上图所示就是方法之一，当一颗行星从恒星前面穿过时，我们就会观察到恒星的亮度减弱了一小点儿，通过强大的空间望远镜，天文学家们就能找到并且测量出这种微弱而周期性出现的现象。可以想象，通过这种办法最先找到的是那些离开恒星很近的巨大的行星。这些被戏称为"热木星"的行星通常几天甚至几小时就会绕恒星公转一周。

究人员迪迪埃·奎洛兹（Didier Queloz）和米歇尔·梅厄（Michel Mayor），则发现了一颗绕着类似太阳的恒星转动的行星。后来人们才知道，这颗行星是由炽热气体构成的类似木星的大家伙，而且距离它所围绕的恒星非常近，每经过 4.2 个地球日就公转一圈。这颗行星当然也不适合生命，但是找到它仍然使人振奋，因为如果在它的旁边能够找到另一颗行星的话，后者就会受到这个巨大行星的保护，而免受小行星或者彗星的撞击。这一发现让奎洛兹很意外，他说："我们意识到，太阳系仅是宇宙排布卫星的一种方式而已！"

一旦找到了一颗行星，其他的行星就接踵而至。不同于我们太阳系中常见的近似圆形轨道，它们中的许多都具有细长的椭圆轨道，从而在轨道的不同位置有极端冷热的气候，不是适合高级生命生存的环境。气态行星也不行。我们要找的是在宜居区内的岩石行星。

这是一个潮湿而只有微弱重力的世界，它拥有富含碳的稠密大气。什么样的植物能够生存在那样的世界里呢？是一个像图片背景里的塔状的植物的森林，还是像这些充满氢气的气球状的植物那样尽量悬浮于高处来获取阳光？在《国家地理杂志》的《地外生命》图片专辑里有更多这种根据科学知识设计出来的物种。

一直坚信我们将找到地外生命的弗兰克·德雷克说：

考虑到最近已经在火星上找到早期生命的迹象，以及最近在木卫二上可能存在海底生命的消息，我们对太空中生命分布的认识已经改变了。我敢肯定，在整个宇宙中，生命不会是十分稀罕的东西，而应该像恒星和行星形成那样自然地遍布太空。

爱因斯坦曾经问过一个深刻的问题："上帝在创造世界时有作过什么选择吗？"换句话说，世间万物是否会必须如我们所

宇宙千里眼

要说起观察宇宙，现代的大望远镜可以说是我们的千里眼。自从我们人类开始思考以来，我们曾经以为自己是：万物之灵、宇宙中最重要的行星、整个宇宙的焦点、世间万物的中心。而我们也曾一度以为没有必要去探索我们自身以外的东西——就像古希腊神话中的美男子纳希索斯（Narcissus）——深深迷恋着自己。我们的思想完全被我们所占据的空间束缚了。

当我们开始扩大我们的视野时，问题和答案都发生了变化。我们意识到，诗人和科幻作家如威尔士、弗恩和阿西莫夫所写之事并不是那么虚幻。现在意料之外之事，将来完全可能是在情理之中。

另类世界历史

如果我们谈论宇宙的历史，我们人类只能算是整条时间线上的新生儿。宇宙的年龄高达 137 亿年，而我们的太阳系也有 50 亿年高龄。地球的生日在大约 46.5 亿年前。而我们人类呢？虽然我们的双足行走的猿人祖先在至少 400 万年前就在这地球上行走，但是根据现有的考古知识，我们真正的同类——智人的历史可能只能追溯到 30 万年前。

从宇宙的时间表上看，我们人类只能算是地球上初来乍到的客人。

垂钓行星

　　就像一个垂钓者坐在一群鳟鱼中间那样，天体物理学家们发现，我们的地球家园悬浮在布满恒星系的茫茫星海中。他们已经找到了许多具有行星的"太阳系"了。它们可能孕育生命吗？

　　"现在我们知道，像地球这样的岩石行星其实到处都是。"加利福尼亚大学伯克利分校的杰夫·马西（Geoff Marcy）说道。

　　观测发现，一颗叫作格利泽581的红矮星拥有至少3颗行星，其中一颗的半径大概比地球大1.5倍，质量约比地球重5倍，而且可能含有岩石和水。天文学家们是通过这颗"超级地球"在恒星上引起的动静而发现这颗行星的。它离开恒星格利泽581非常近，公转一周只要13天，但是由于红矮星要比太阳暗得多，所以这颗行星完全有可能适合生命存在。

编号为格利泽581的红矮星（右上角）有至少三颗行星，它们的质量分别是地球的5倍、8倍和15倍。

　　"在宇宙的这张大藏宝图上，我们倾向于将这颗行星标上一个 ×。"发现这颗行星的国际团队的成员之一，法国人格扎维埃·德尔福斯（Xavier Delfosse）如是说。

　　那么我们能否去那颗行星上看一看呢？在说起前面提到的另一颗恒星，鲸鱼座 τ 星时，马西说："最终我们还是要派一艘无人飞船和一台摄像装置去的。"鲸鱼座 τ 星距离我们只有大约12光年。如果我们可以以99%的光速飞行，我们就可以在有生之年到达那里。但是，仅仅凭借现在的火箭推进技术，我们飞到那里可得大约50万年呢。而离开我们约20.5光年的格利泽581，就更加遥不可及了。所以，现在讨论对那些深空世界的探索还言之过早。

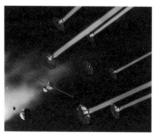

波江座 ε 星是一个距离地球只有10.5光年的年轻的恒星系统，它拥有现在所知的最近的地外行星（上左图）。这颗红色的巨人不太可能有生命存在，但是它的卫星可能支持生命。欧洲宇航局有一个项目，是由六个红外线望远镜组成的空间探测系统，名叫达尔文（上右图）。它将在地外行星中搜索水和其他支持生命的必要物质。

见的那样（比方说由于深刻的数学原理）？或者，是否可能存在不一样的基本规律？会不会还存在其他类型的宇宙？至少现在，我们还无法回答这些问题。

远未结束的最后一章

对我来说，我喜欢一个充满未知，但同时又可以被人类所认识的宇宙。一个完全是已知事物的宇宙实在是太过单调了。而如果一个宇宙中的东西都是不能为人所认识的，那么像人类这种智慧生物的存在便毫无价值。对人类而言，最理想的宇宙非常接近我们现在所居住的宇宙。我猜想这件事本身应该不是什么巧合吧。

——卡尔·萨根，美国天文学家，《我们能够理解宇宙吗？因一粒盐而引起的思考》

船上的大副说道："现在让我们祈祷吧！就连天上星星也不见了。勇敢的船长，请告诉我，我该说些什么？"没什么大不了，你就说："扬帆前进！扬帆前进！前进！"

——华金·米勒（Joaquin Miller，1837—1913），美国诗人，《哥伦布》

你想知道两周后的游行那一天会不会下雨吗？那么抱歉，目前还没有人能够作出这种预测。我们可以告诉你几十亿年前宇宙的许多细节，也可以告诉你你身体里的每一个原子的原子核里头究竟发生了些什么。但是很遗憾，即使把我们知道的任何可能需要的东西都输入计算机，比方说世界各地的天气数据，也仍然不管用。你游行那天可能下雨，也可能阳光高照。现在没有任何人可以确切地为你作出预测。

一位气象学家正在放飞一个无线电探测器——被用来收集不同高度的气象数据并传回地面。

你可能知道，不断重复的过程（科学家称之为iteration，意为重复、迭代），有时会导致奇怪的结果。你可能觉得，一只蝴蝶拍打一下翅膀、一辆汽车排出的一股尾气都是微不足道的，然而重复这样的过程，蝴蝶拍打翅膀可能导致一

一只蝴蝶拍打翅膀所产生的风最后会导致一场飓风吗?(上图是飓风丽塔,彩色的部分表示不同程度的降水。)我们还不能对一系列混乱事件进行预测,但是量子物理实验已经给我们提供了处理这一类现象的新工具。右图所示,是计算机生成的宇宙粒子,即介子的运动图像,其数据来自俄亥俄州克利夫兰一个很深的盐矿中的探测器。这种微观粒子的半衰期只有百万分之二秒。

跳蚤效应

博物学家观察发现,跳蚤身上有小跳蚤在叮咬,这些小跳蚤又被更小的跳蚤叮咬,如此这般没完没了。

——乔纳森·斯威夫特(Jonathan Swift, 1667—1745),英国讽刺作家,诗歌《一首狂想曲》

场飓风,汽车排放尾气则可能危害整个地球的环境。这是夸大其辞吗?可不一定。不断重复的微小事件可能引发巨大的效应,从而导致无法给出合理的预测结果。

经典物理学曾经以为,对自然界的理解将使我们能够根据今天的物理世界完全预测出明天物理世界的样子。但是拥有更多信息的现代科学却使我们完全丧失了这种信心。现实世界的复杂程度实在是完全超出了我们的想象,当然也变得更加有趣。就连现在最先进的计算机和最聪明的头脑对有些事情也无法给出准确的预测,比方说你咖啡杯中的奶油会卷成什么形状,或者为什么某个人会得心脏病,又或者什么时候某种传染病将流

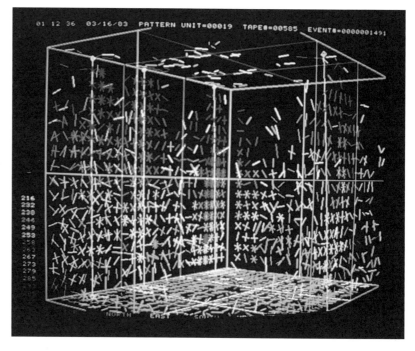

行,以及下个月证券市场的走势。植物学家斯图尔特·考夫曼(Stuart Kauffman)在《宇宙中的家园》一书中写道:"无法预测,并不意味着无法理解或无法解释。"

英国剧作家汤姆·斯托帕德（Tom Stoppard）在剧本《阿卡迪亚》中写道：

相对论和量子理论，似乎看上去将能解决悬在它们之间的所有问题，形成一种万物理论。而事实上，他们只能分别解释宏观尺度和微观尺度的现象，即宇宙和基本粒子。对那些我们日常生活中遇到的那种尺度的事物，例如诗人笔下的云彩、黄水仙和瀑布，或者咖啡杯中加入奶油会发生什么，这些都还充满了奥秘。我们对着这些秘密一无所知，就好像古希腊人对太空一无所知一样。

对于现代的科学成就，对于我们对宇宙和微观世界的认识，我们是否过于沾沾自喜了？我们是否忽略了一些非常重要的事情：日常世界以及它不可预测的复杂性？还记得柏拉图讲过的

据我们现在所知，量子力学还不能很好地处理引力的问题，这是我们现有物理理论的缺陷之一。我们认为可能存在一种尚未被发现的粒子，即希格斯玻色子[1]。如果我们可以从实验上确认它的存在，这就将对 21 世纪物理学的发展指明方向。

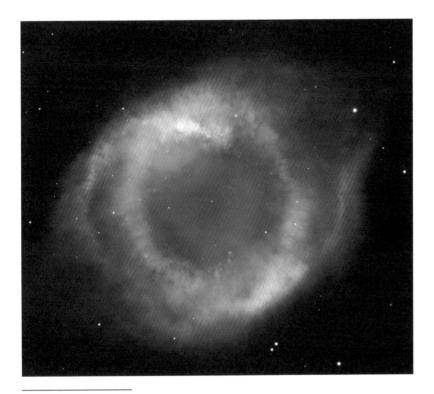

有些天文学家把它叫作"上帝之眼"。当他们使用科学语言时，他们会说这是个漩涡星云，一种类似太阳那么大小的恒星寿终正寝的过程。这个直径达 2.5 光年的星云边缘的气体正在向周围消散，而它的内核注定将成为一颗致密的白矮星。它释放出的气体所产生的发光的行星状星云，过了几千年就会淡去。这是不是就是我们太阳系的宿命呢？

---

① 译者注：希格斯玻色子，亦称希格斯粒子，在 2013 年已经被发现。

混沌理论的数学公式可以产生一种叫作"分形"的迭代图样。"迭代"就是重复的意思。这里是指，微小的折线形状重复出现，构成越来越大的图形。在《混沌》一书中，作者詹姆斯·格莱克解释道："这是一种关于凹、凸、断裂、扭转和交错的几何，这些凹凸错落的图形，并不是经典欧几里得几何学图形的边边角角被扭曲了。它们常常是通向事物本质的关键。"有兴趣的话，可以研究"曼德波洛特集合"。

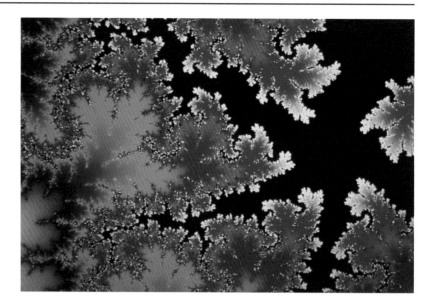

有关泰勒斯（Thales）的故事吗？"当他仰望星空时，他不小心跌进了井里。"然后他被女仆嘲笑，因为"他急着了解天上之物，却忽略了眼前和脚底的东西"。

刘易斯·理查森（Lewis F. Richardson, 1881—1953）是研究风和气象的英国科学家。早在20世纪20年代，在绘制曲折的海岸线时，他就写道："大漩涡里头有小漩涡，流水的速度就这样减慢了，小漩涡里头有更小的漩涡，如此循环就形成了黏滞性。"

当一些学者开始使用计算机来研究微观世界看上去应该如何运行时，另一些科学家则开始研究一种叫作"混沌理论"或"复杂性"的东西。这门新科学从随机和无序中发现了秩序和规律。而最早研究宇宙中的这种复杂性的科学家们现在相信，自然界具有自组织的趋势。为什么？怎么做？他们正在研究其答案。

正如詹姆斯·格莱克（James Gleick）在他的一本叫作《混沌》的书中所说："我们对自然界复杂性的认识，使我们不得不怀疑，复杂性并不是我们想象的那样完全出于偶然和巧合。"今天的科学家利用计算机模拟代替显微镜和加速器，已经在看似无序的过程中找到无绝对可预测性的秩序。这给科学世界带来新的激情。这还不算完。

物理学家和数学家总是想发现规律。也有人说，混乱有什么用呢？但是，要想摆脱混乱就得先了解混乱。就好比说，不了解阀门中污泥的洗车修理工，不是一个好的修理工。

——詹姆斯·约克（James Yorke），数学家和物理学家，提出了"混沌理论"一词

你们中的有些年轻人曾经问我。你说的美妙的世界是什么意思？没看见到处都是战争吗，这世界究竟有什么美妙的？没看见还有那么多人忍饥挨饿，污染随处都是，这些难道也美妙吗？那么，听一会儿那些老歌吧！在我看来，不是这个世界本来有多么糟糕，而是我们对它的所作所为（不够好），我要说的是，只要我们给它机会，看看这个世界会变得多么美。是爱，亲爱的，爱，这是秘密所在。是的，如果我们中更多的人能够相互关爱，很多问题就会迎刃而解。兄弟，你的生活将非常精彩。

——路易斯·阿姆斯特朗（Louis Armstrong，1901—1971），美国爵士乐手

英国的黑洞宇宙学专家罗杰彭罗斯（Roger Penrose）在他名为《皇帝新脑》一书中写道："我们现在对物理世界的认识，尤其是对时间的认识，正在开启一场新的思想革命，其剧烈程度将超越现在的相对论和量子力学带来的革新。"爱因斯坦曾说："自然只向我们展示雄狮的尾巴。但是，我不会怀疑雄狮是自然的一部分，虽然由于它体型巨大，它不会一下子就向我们展示全身。"整个宇宙，连同它所有的奥秘就好像那头雄狮的身体一样，还有太多等待我们去探寻。就像斯托帕德的剧作《阿卡迪亚》中的一个角色所说："当我们站起来看时，那扇门已开了五六次了。当你发现以前所知的一切都是谬误时，生活的乐趣才刚刚开始。"

我们所知的一切都是谬误吗？我不信。（别忘了你在本书中所学到的一切，其中有些迟早会用上的。）然而，我们有可能仍然还在爱因斯坦的雄狮的背后。我们生活在一个伟大的时代，还有很多奥秘，等着我们去发现！

当近代科学开始萌芽时，17世纪的哲学家弗朗西斯·培根（Francis Bacon）说道："直到我们将要理解这个世界时，这个世界不应被缩小（这正是现在正在发生的事）。不过我们对世界的理解将会无止境地扩大，直到将整个世界纳入其中。"正是这个想法把我们带到了这张最后的合成图片。这个蟹状星云是1054年超新星爆炸的遗迹。被雨水淋透的远足者能看得见它吗？用他们的肉眼做不到，但是这星云就在那里，利用射电望远镜，利用我们人类的智慧和想象力，就能清晰可见。

图片版权

Grateful acknowledgment is made to the copyright holders credited below. The publisher will be happy to correct any errors or unintentional omissions in the next printing. If an image is not sufficiently identified on the page where it appears, additional information is provided following the picture credit.

Abbreviations for Picture Credits
Picture Agencies and Collections
AR: Art Resource, New York
AIP: American Institute of Physics
BAL: Bridgeman Art Library, London, Paris, New York, and Berlin
Caltech: California Institute of Technology
PR: Photo Researchers, Inc., New York
SPL: Science Photo Library, London
COR: Corbis Corporation, New York, Chicago, and Seattle
GC: Granger Collection, New York
SSPL: Science Museum /Science & Society Picture Library, London
NASA: National Aeronautics and Space Administration
    JPL: Jet Propulsion Lab
    GSFC: Goddard Space Flight Center
    MFSC: Marshall Space Flight Center

Maps
All base maps (unless otherwise noted) were provided by Planetary Visions Limited and are used by permission. Satellite Image Copyright © 1996–2005 Planetary Visions.
PLV: Planetary Visions Limited
SR: Sabine Russ, map conception and research
MA: Marleen Adlerblum, map overlays and design

Illustrator
MA: Marleen Adlerblum (line drawings)
All timelines were drawn by Marleen Adlerblum. All timeline photographs are public domain, unless otherwise listed.

Frontmatter
ii: Brookhaven National Laboratory/PR; ix: (Composite) NASA/JPL-Caltech/Max-Planck Institute/ P. Appleton (SSC/Caltech)

Chapter 1
2: Larry Landolfi/PR; 3: Alinari/AR; 4: *Tourists Taking Scenic Photographs from the Rear Observation Platform of a Union Pacific Train*, 1910 (b/w photo), American Photographer, (20th century), Private Collection, Peter Newark American Pictures/BAL; 5: Detlev van Ravenswaay/PR

Chapter 2
8: Banque d'Imagese, ADAGP/AR; 10: Apollo 8/NASA; 11: Digital Image © The Museum of Modern Art/Licensed by SCALA/AR; 13: Sidney Harris; 16: David J. Grossman

Chapter 3
18: Caltech; 19: Agence Vandystadt/PR; 20: Antony Searle/The Australian National University, Canberra; 21: MA; 22: (top) Tony Craddock/PR; (bottom) Daniel Sambraus/PR; 23: AR; 24: MA

Chapter 4
26: *Einstein Juggling with Time*, 2000 (oil and tempera on panel), Frances Broomfield (contemporary artist), Private Collection, © Frances Broomfield/Portal Gallery, London/BAL; 28: Michael Pead; 29: (top) *Portrait of Franz Kafka* (1885–1924) c. 1908 (b/w photo) by Czech School, © Private Collection/Archives Charnet/BAL; (bottom) Illustration for the "Metamorphosis" by Franz Kafka, 1946 (litho) by Hans Fronius (1903–1988), © Bibliotheque Nationale, Paris/BAL

Chapter 5
31: Erich Lessing/AR; 31: MA; 32: MA; 34: image credit/NASA, illustration/MA

(based on a flipbook by Adler Planetarium); 35: (top and bottom) MA; 36: Philippe Psaila/PR

Chapter 6
37: Sidney Harris; 38: Phil Rose; 39: (top) JPL/NASA; (bottom) MA; 40: (left) Coneyl Jay/PR; (right) Mark Clarke/PR; 41: (top) Spencer Grant/PR; (bottom) CERN/PR; 42: Alexander Tsiaras/PR

Chapter 7
43: *The Soundness of Newton's Laws*, illustration from Inventions (litho) by William Heath Robinson © Private Collection/BAL; 44: Eric Schrempp/PR; 45: illustrations by G. Lasellaz, *How a Cat Falls, from Les Dernieres Merveilles de la Science* by Daniel Bellet (chromolitho); 46–47: MA (adaptations from *How a Cat Falls*); 48: MA; 50: (top) Carl Goodman/PR; (bottom left) NASA/PR; (bottom right) Chris Butler/PR; 52: NASA

Chapter 8
54: (top) Laguna Design/PR; (bottom) Christian Darkin/PR; 55: Erich Lessing/AR; 56: NASA/MSFC; 57: Frank Zullo/PR; 59: (top) GC; (bottom) US Army Signal Corp; 60: Transocean, Berlin/Dibner Library of the History of Science and Technology; 61: (left and right) F.W.Dyson, A.S. Eddington, and C. Davidson, "A Determination of the Deflection of Light by the Sun's Gravitational Field, from Observations Made at the Total Eclipse of May 29, 1919" *Philosophical Transactions of the Royal Society of London. Series A, containing Papers of a Mathematical or Physical Character* (1920); 62: *New York Times*, November 10, 1919

Chapter 9
64: Plate XXXI from the "Original Theory of the Universe" by Thomas Wright (1711–1786), 1750 (engraving) (b/w photo), English School, (18th century), Private Collection/BAL; 65: (top) Illustration from "From the Earth to the Moon" by Jules Verne (1828–1905) Paris, Hetzel, published in 1865 (engraving) (b/w photo) by Emile Antoine Bayard (1837–1891) © Bibliotheque Nationale, Paris/Lauros/Giraudon/BAL; (bottom) Julian Baum/PR

Chapter 10
67: Caltech; 68: Hale Observatories, AIP/Emilio Segrè Visual Archives; 69: Harvard College Observatory, AIP/Emilio Segrè Visual Archives; 70: (top) STSI/NASA; (bottom) SPL/PR; 71: Victor de Schwanberg/PR; 72: David Parker/PR; 73: (left, middle, right) JPL-Caltech/STScI/NASA; 74: (left, right) NASA/JPL-Caltech

Chapter 11
75: Gale Gant/Mt. Wilson Observatory Association; 76: (top) Shigemi Numazawa/Atlas Photo Bank/PR; (bottom) Dr. Jean Lorre/PR; 77: (top) NRAO/AUI; (bottom) NASA/ESA/R. Bouwens and G.Illingworth (University of California, Santa Cruz); 78: (top) AIP/Emilio Segrè Visual Archives; (bottom) Gerard Lodriguss/PR; 79: NASA/ESA/the Hubble Heritage Team/STScI/AURA/A. Riess (STScI); 339: Caltech Archives

Chapter 12
81: SPL/PR; 83: (top) NASA/H.E. Bond and E. Nelan (STSI)/M. Barstow and M. Burleigh (University of Leicester, UK)/J.B. Holberg (University of Arizona); (bottom) Charles D. Winters/PR; 84: NASA/ESA/the Hubble Heritage Team (STScI/AURA)/ ESA/Hubble Collaboration

Chapter 13
87: Julian Baum/PR; 88: F. Walter (State University of New York at Stony Brook)/NASA; 89: NASA/MSFC; 90: J. Hughes (Rutgers) et al./CXC/NASA; 91: NASA/CXC/SAO; 92: Data from the Digitized Sky Survey/Image processing by Davide De Martin; 94: Ullstein Bild/GC; 95: NASA/MSFC; (inset) Chandra X-ray Center (CXC); 96: NASA/the Hubble Heritage Team (STScI/AURA)

Chapter 14
98: (top) NASA/JPL-Caltech/Tim Pyle (SSC); (bottom) Tony Craddock/PR;

99: AIP/Emilio Segrè Visual Archives; 100: NASA/CXC/SAO/H. Marshall et al.; 101: (all photos) NASA/Apollo Image Gallery; 102: (top left) Axel Mellinger/NASA; (top right) S. Digel and S. Snowden (GSFC)/ROSAT Project/MPE/NASA; (bottom left) DIRBE Team/COBE/NASA; (bottom right) NASA/Goddard Space Flight Center; 103: ESA/NASA and Felix Mirabel (the French Atomic Energy Commission & the Institute for Astronomy and Space Physics/Conicet of Argentina); 104: (top) AIP/Emilio Segrè Visual Archives/Physics Today Collection; (bottom) NASA/CXC/M. Weiss; 105: courtesy of V.I. Goldanskii; 106: (top) H. Bond (STScI) and B. Balick (University of Washington)/NASA; (bottom) NASA/MSFC; 107: (top) ESA/PR; (bottom) Hubble Space Telescope/NASA; 108: (top) Daniel Wang (University of Massachusetts); (bottom) ; 109: (top) NASA/CXC/Caltech/D. Fox et al.; illustration by NASA/D.Berry; (bottom and inset) Spectrum/NASA/E/PO/Sonoma State University Aurore Simonnet; 110: (top) Jon Lomberg/PR; (bottom) NASA/JPL-Caltech

Chapter 15

111: Aero Data, Baton Rouge, LA; 112: (top) Bryan Christie Design; (bottom) Maximilian Stock Ltd/PR; 113: Gary Bower, Richard Green (NOAO)/STIS Instrument Definition Team/NASA; 114: Phillip Hayson/PR; 115: NASA/CXC/PSU/S. Park & D. Burrows; 116: Dana Berry/NASA; 117: JPL/NASA; 118: (left) K. Thorne (Caltech), T. Carnahan (NASA/GSFC); (inset) Dana Berry, Sky Works Digital/NASA; 119: MA; 121: (top and bottom) JPL/NASA; 122: Victor Habbick Visions/PR

Chapter 16

124: (top) M. Kulyk/PR; (bottom) ArSciMed/PR; 125: (original image) ArSciMed/PR, (illustrations) MA; (top images) ArSciMed/PR, (illustrations) MA; (bottom left) NASA/ESA/R. Massey (Caltech); (bottom right) NASA/JPL-Caltech/A. Kashlinsky (GFSC) et al.; 127: Sidney Harris; 128: (top) NASA; (bottom inset) AIP/Emilio Segrè Visual Archives; 129: GSFC/NASA; 130: (top left) COBE Project/DMR/NASA; (top right, bottom left and right) NASA/WMAP Science Team; 131: NASA/WMAP Science Team; 132: Yannick Mellier/IAP/PR

Chapter 17

133: Sidney Harris; 134: LBNL/PR; 135: David Parker/PR; 136: GSFC/NASA; 137: Detlev van Ravenswaay/PR; 138: David A. Hardy/PR; 139: Published by Dover Publications, Mineola, NY; 140: (top) Lockheed Martin Space Systems; (bottom left and right) Brookhaven National Laboratory; 141: *Inferno, Purgatory and Paradise*, illustration from Dante's "Divine Comedy", 14th century (manuscript), Italian School, British Museum, London, UK/BAL; 142: GSFC/NASA; 143: (top) Mehau Kulyk/PR; (bottom) Fred Tomaselli, *Cyclopticon 2*, 2003, (mixed media, acrylic paint, resin on wood, 24 x 24 x 1½ inches). Image courtesy James Cohan Gallery, New York; 144: Fred Tomaselli, Abductor, 2006, (leaves, photo collage, acrylic and resin on wood panel, 96 x 78 inches). Image courtesy James Cohan Gallery, New York; 145: (1) Josiah McElheny, *The Last Scattering Surface*, 2006, (hand-blown glass, chrome-plated aluminum, rigging, electric lighting, 10h. x 10 x 10 feet). Image courtesy Donald Young Gallery, Chicago; (2) Josiah McElheny, The Last *Scattering Surface, detail*; (3) Matthew Ritchie, *Where I Am Coming From*, 2003, (oil and marker on canvas, 99 x 121 inches). Image courtesy Andrea Rosen Gallery, New York; (4) Matthew Ritchie, Installation view *The Universal Adversary*, Andrea Rosen Gallery, NY September 21–October 28, 2006, (at top) *The Universal Adversary*, 2006 (powder-coated aluminum and stainless steel, approximately 30 feet in diameter), Image courtesy Andrea Rosen Gallery, 2006; 146: (5) Ati Maier, *Dérive*, 2007, (acrylic paint and ink on canvas, 38 x 96 inches), Image courtesy Pierogy Gallery, Brooklyn, New York; (6) Diana Al-Hadid, *A Measure of Ariadne's*

Love, 2007, (wood, cast aluminum, fiberglass, cardboard, plaster, resin, Plexiglas, paint, 116 x 85 x 96 inches). Image courtesy Michael Janssen, Berlin; (7) Lee Bontecou, *Untitled*, 1980–1998, (welded steel, porcelain, wire mesh, canvas, and wire, 7 x 8 x 6 feet). Museum of Modern Art, New York, gift of Philip Johnson. Copyright © Lee Bontecou/courtesy Knoedler & Company, New York.

Chapter 18

147: © Deborah Betz Collection/COR; 148: JPL/NASA; 149: MA; 150: MA; 152: Library of Congress, New York World-Telegram and Sun Collection, AIP/Emilio Segrè Visual Archives; 153: Pascal Goetgheluck/PR; 154: (top left) GC; (top right) Ullstein Bild/GC

Chapter 19

156: Courtesy of Harlan Devore, Fayetteville, NC; 157: Chandra: NASA/CXC/University of Utrecht, Germany/J. Vink et al. XMM-Newton: ESA/University of Utrecht, Germany/J. Vink et al.; 158: (top) NASA; (bottom) courtesy of Harlan Devore, Fayetteville, NC; 159: (top) NOAO/AURA/NSF; (bottom left) "Robert Frost, head-and-shoulders portrait, facing front." (Between 1910 and 1920) New York World-Telegram and the Sun Newspaper Photograph Collection, Library of Congress; (bottom right) Omikron/PR; 160: Courtesy of NFAO/AUI/Balz Bietenholz, Michael Bietenholz and Norbert Bartel, York University; 161: NASA/CXC/M. Weiss; 162: NASA/CXC/M. Markevitch et al.; 163: (left) MA; (right) NASA/ESA/R. Massey (Caltech); 164: (top) NASA/A. Riess (STScI); (bottom) NASA/ESA/A. Feild (STScI); 165: AIP/Emilio Segrè Visual Archives; 166: NASA/ESA/Andrew Fruchter (STScI) and the ERO team (STScI + ST-ECF); 167: Lynette Cook/PR; 168: Mark Godfrey/AIP/Emilio Segrè Visual Archives

Chapter 20

169: (left) SSPL; (right) Erich Lessing/AR, NY; 170: JPL/NASA; 171: Mike Agliolo/PR; 172: Computer History Museum, Mountain View, CA; 173: (left) GC; (right) MA; 174: (top) Eric Heller/PR; (bottom) SPEC/CEA, Gif-sur-Yvette Cedex, France; 175: (top) SSPL; (bottom) University of Ulm, Germany; 176: Pair of Pocket Globes, made by Newton, c. 1830, English School, Private Collection/BAL; 177: Research School of Physical Sciences and Engineering, The Australian National University, Canberra; 178: (top) Alfred Pasieka/PR; (bottom) Lawrence Livermore National Laboratory

Chapter 21

179: © Christian Simonpietri/Sygma/COR; 180: (top) Big Wave Productions/PR; (bottom) Smithsonian Institute; 181: NRAO/AUI and Earth image courtesy of the SeaWiFS Project NASA/GSFC/ORBIMAGE; 182: SETI Institute; 183: NASA/JPLCaltech/R. Hurt (SSC); 184: Bill Ray; 185: (left) Courtesy of Isaac Gary; (right) IAR/Guillermo Lemarchand; 186: SETI@home; (inset) Paul Rapson/PR; 187: (top) NASA; (middle) Jon Lomberg/PR; (bottom) NASA/JPL/Malin Space Science Systems; 188: (left) NASA/ESA/K.Sahu (STScI); (right) NASA/ESA/G. Bacon (STScI); 189: Big Wave Productions/PR; 190: (top) ESO; (bottom left) NASA/ESA/G. Bacon (STScI); (bottom right) ESA

Chapter 22

191: Michael Donne/PR; 192: (top) NASA/PR; (bottom) IMB (Irvine-Michigan-Brookhaven) Collaboration/PR; 193: NASA/WIYN/NOAO/ESA/Hubble Helix Nebula Team/M. Meixner (STScI)/T.A. Rector (NRAO); 194: Fred Espenak/PR; 195: GC; 196: Image courtesy of NRAO/AUI and Michael Bietenholz, York

引文授权

Excerpts on the following pages are reprinted by permission of the publishers and copyright holders.

Page 1: From Kip S. Thorne, Black Holes and Time Warps: Einstein's Outrageous Legacy (New York: W.W. Norton & Company, Inc., 1994)

Page 7: From Brian Greene, The Elegant Universe (New York: W.W. Norton & Company, Inc., 1999) and from Jeremy Bernstein, Einstein (New York: Viking Press, 1973)

Page 12: From Albert Einstein, "Einstein Discusses Revolution He Caused in Scientific Thought" (Pasadena, CA, conference speech, January 24, 1931)

Page 17: From Edwin F. Taylor and John Archibald Wheeler, Spacetime Physics (New York: W.H. Freeman and Co., 1992) and from Leonard Mlodinow, Euclid's Window (New York: Touchstone, Simon & Schuster, 2001)

Page 25: From Brian Greene, The Elegant Universe (New York: W.W. Norton & Company, Inc., 1999) and from Edwin F. Taylor and John Archibald Wheeler, Spacetime Physics (New York: W.H. Freeman and Co., 1992)

Page 43: From Jeremy Bernstein, Einstein (New York: Viking Press, 1973) and Richard Wolfson, Simply Einstein: Relativity Demystified (New York: W.W. Norton & Company, Inc., 2003)

Page 46: From John Archibald Wheeler, Biographical Memoirs, vol. 51 (Washington, D.C.: National Academy of Sciences, 1980)

Page 49 and 53: From Edwin F. Taylor and John Archibald Wheeler, Exploring Black Holes: Introduction to General Relativity (San Francisco: Benjamin Cummings, 2000)

Page 53: From Kip S. Thorne, Black Holes and Time Warps: Einstein's Outrageous Legacy (New York: W.W. Norton & Company, Inc., 1994) and from Thomas Levenson, Einstein in Berlin (New York: Bantam, 2003)

Page 60: From Sir Arthur Eddington, "One Thing Is Certain", written in 1919 as a parody of the Rubaiyat of Omar Khayyam.

Page 62: From Ilse Rosenthal-Schneider, Some Strangeness in the Proportion, edited by Harry Woolf (Boston: Addison-Wesley, 1980)

Page 81: From Arthur I. Miller, Empire of the Stars (Boston: Houghton Mifflin, 2005) and from Subrahmanyan Chandrasekhar, The Observatory 57, 373 (1934)

Page 91: Antony Hewish, "Pulsar and High Density Physics," Nobel Lecture, University of Cambridge, Cavendish Laboratory, Cambridge, England, December 12, 1974

Page 97: From Kip S. Thorne, Black Holes and Time Warps: Einstein's Outrageous Legacy (New York: W. W. Norton & Company, Inc., 1994) and from Edwin F. Taylor and John Archibald Wheeler, Exploring Black Holes: Introduction to General Relativity (San Francisco: Benjamin Cummings, 2000)

Page 115: From Marcia Bartusiak, Einstein's Unfinished Symphony: Listening to the Sounds of Space-Time (Washington, D.C.: Joseph Henry Press, 2000)

Page 150: From Hans Christian von Baeyer, Information: The New Language of Science (London: Weidenfeld & Nicholson, Orion Publishing Group, 2004)

Page 155: From T. S. Eliot, "Little Gidding," Four Quartets, originally published 1942 (New York: Harcourt Trade Publishers, 1968, reprint)

Page 178: From Edna St. Vincent Millay, "Upon this Age, That Never Speaks Its Mind," Collected Poems (New York: HarperCollins, 1939)

Page 191: From Carl Sagan, "Can We Know the Universe? Reflections on a Grain of Salt," in Broca's Brain: Reflections on the Romance of Science (New York: Random House, 1979)

Page 193: From Tom Stoppard, Arcadia (London: Faber and Faber, LTD., 1993)

Page 195: From Louis Armstrong, from spoken introduction to "What a Wonderful World," written by Bob Thiele and George David Weiss (New York: ABC Records, 1968)

The Story of Science: Einstein Adds a New Dimension by Joy Hakim
Copyright: 2007 by Joy Hakim
This edition arranged with SUSAN SCHULMAN LITERARY AGENCY, INC
through BIG APPLE AGENCY, LABUAN, MALAYSIA.
Simplified Chinese edition copyright:
2017 Shanghai Educational Publishing House
All rights reserved.

图书在版编目（CIP）数据

时空之维：爱因斯坦与他的宇宙/（美）乔伊·哈基姆（Joy
Hakim）著；赵奇玮译. -- 上海：上海教育出版社，2017.12
（2020.4重印）
（"科学的力量"科普译丛. "科学的故事"系列）
ISBN 978-7-5444-7634-8

Ⅰ. ①时… Ⅱ. ①乔… ②赵… Ⅲ. ①相对论－普及读物 Ⅳ. ①
O412.1-49

中国版本图书馆CIP数据核字（2017）第312995号

责任编辑　姚欢远
封面设计　陆　弦

"科学的力量"科普译丛 "科学的故事"系列
时空之维：爱因斯坦与他的宇宙
［美］乔伊·哈基姆　著
赵奇玮　译

出版发行　上海教育出版社有限公司
官　　网　www.seph.com.cn
地　　址　上海市永福路123号
邮　　编　200031
印　　刷　上海新艺印刷有限公司
开　　本　787×1092　1/16　印张 13.5
字　　数　270 千字
版　　次　2017年12月第1版
印　　次　2020年4月第2次印刷
书　　号　ISBN 978-7-5444-7634-8/N·0011
定　　价　89.80 元
审 图 号　GS(2017) 2951号

如发现质量问题，读者可向本社调换　电话：021-64377165